Streitkräfte des II. Weltkrieges

Kampfflugzeuge

Daten · Fakten · Technik

MOEWIG

Umschlagfoto: Archiv VPM
Printed in Portugal
ISBN: 3-8118-1663-2

Inhaltsverzeichnis

Arado Ar 196

Die Entstehungszeit der Arado 196 geht auf die Mitte der dreißiger Jahre zurück. Die Luftwaffenführung war damals bestrebt, ein Nachfolgemuster für die bereits veralteten He 70 einzuführen und den deutschen Großkampfschiffen somit ein modernes, katapultfähiges Flugzeug an Bord zu geben. So entstand die Arado 196, und der Erstflug zweier Prototypen erfolgte 1938. Die dann für den Serienbau vorgesehenen Muster erhielten immer stärkere Motoren. Der Typ A-1, von einem BMW-132-K-Motor von 960 PS angetrieben, kam als erster auf größere Einheiten, so auch auf die Schlachtschiffe „Bismarck", „Gneisenau", „Scharnhorst" und Schwere Kreuzer, die manchmal bis zu vier Arado 196 für Aufklärungsflüge etc. zur Verfügung hatten. Von diesen Maschinen, freitragenden Tiefdeckern mit zweiholmigen Ganzmetallflügeln, seitlich an den Rumpf anklappbar, wurden rund 435 hergestellt und hauptsächlich von den Seeaufklärungsgruppen 125, 126 und der Bordfliegergruppe 196 geflogen. Das sogenannte Schwimmwerk bestand aus zwei Ganzmetallschwimmern mit Wasserrudern und Katapultbeschlägen. Der Neunzylinder-Sternmotor besaß eine dreiflügelige, verstellbare Holzluftschraube.

Arado 196 wurden an den Brennpunkten des Seekrieges praktisch überall eingesetzt. Den spektakulärsten Erfolg errangen Besatzungen dieses mit viel Expertenlob bedachten Seeflugzeuges im April 1940, als sie im Kattegatt das 2150 t (unter Wasser) verdrängende britische Minen-U-Boot „Seal" praktisch aus der Luft eroberten. Die „Seal" war zuvor auf eine Mine gelaufen, aufgetaucht und dann von Arado-196-Fliegern aufgebracht worden.

Technische Daten (Typ A-3)

Länge	11 m
Spannweite	12,40 m
Höhe	4,40 m
Triebwerk	BMW 132 K, 960 PS
Einsatzgewicht	3700 kg
Höchstgeschwindigkeit	310 km/h in 4000 m
Gipfelhöhe	7000 m
Reichweite	1070 km
Besatzung	2 Mann (Pilot und Beobachter)
Bewaffnung	zwei 20-mm-Kanonen (eine in jedem Flügel), 1 MG 81 Z (zwei MG von 7,9 mm) im hinteren Kabinenteil und ein MG 17 in der Rumpfpartie; unter den Tragflächen Aufhängevorrichtungen für zwei 50-kg-Bomben

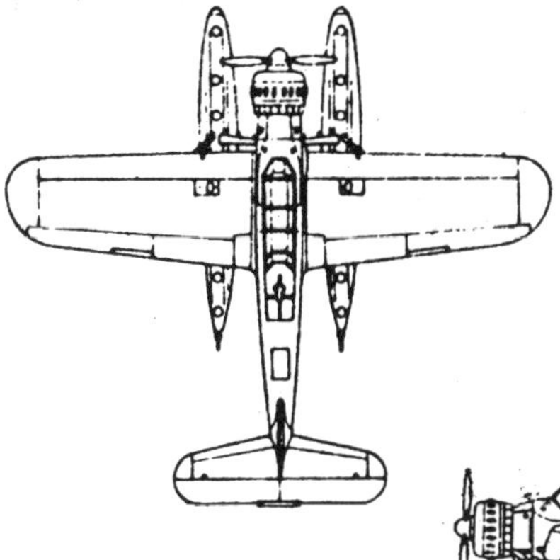

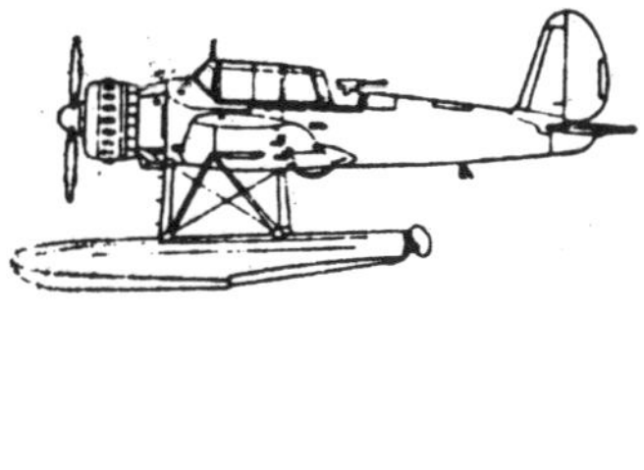

Arado Ar 232

Dieses Transportflugzeug stellte eine Zwischenlösung zwischen der Junkers Ju 52 und den motorisierten Lastenseglern dar. Um die Maschine auch auf schwierigen Plätzen starten und landen zu können, wurde ein neuartiges Fahrwerk entwickelt, das aus einem Normalfahrgestell mit Bug- und Haupträdern unter den Triebwerken bestand. Hinzu kamen 22 kleine Ballonreifen, die paarweise längs der Rumpfunterkante angebracht waren. Diese verhalfen dem Flugzeug zu dem Spitznamen „Tatzelwurm". Der Rumpf war hinten unter dem Leitwerksträger aufklappbar, so dass auch sperrige Güter geladen werden konnten. Das Musterflugzeug Ar 232 Vi (VD + YA) startete Anfang 1941 zum Erstflug. Die Ar 232 V 2 nahm bereits an der Versorgung Stalingrads teil und war die letzte Maschine, die aus dem Kessel noch herauskam. Da man die Triebwerke BMW 801 dringend für die FW-190-Fertigung benötigte, wurde der Bau der A-Serie nach wenigen Maschinen gestoppt und die Umstellung auf vier BMW-323-Motoren angeordnet. Von dieser Version sind dann noch 20 Maschinen gebaut worden, und bei der 14./TG (Transportgeschwader) 4 im Einsatz gewesen.

Technische Daten

	A	B
Besatzung	4 Mann	4 Mann
Triebwerk	BMW 801 A, 2 x 1560 PS	BMW 323 P, 4 x 1000 PS
Spannweite	32,00 m	33,50 m
Länge	23,50 m	23,50 m
Höhe	5,90/6,60 m	5,90/6,60 m
Fluggewicht	18 500 kg	20 000 kg
Höchstgeschwindigkeit	296 km/h	308 km/h
Landegeschwindigkeit	98 km/h	99 km/h
Startstrecke	720 m	460 m
Gipfelhöhe	7600 m	6900 m
Reichweite	1500 km	1335 km
Bewaffnung	3 MG 81 Z, 7,9 mm	2 MG 81 Z, 1 MG 131 Z, 13 mm

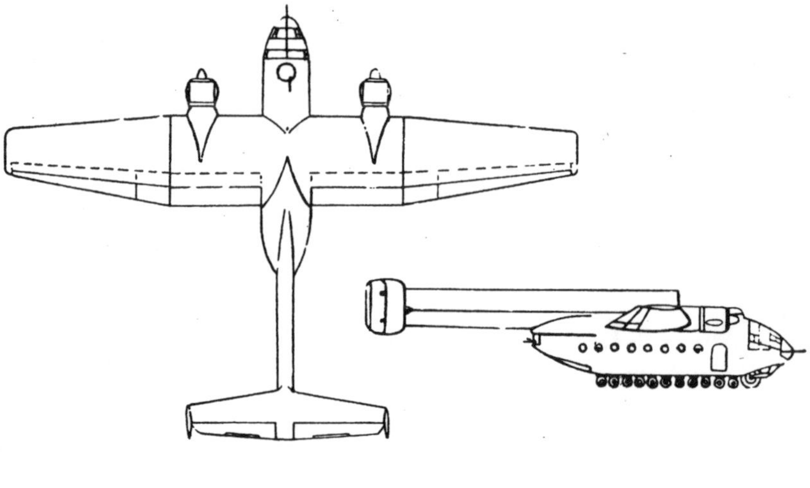

Dornier Do 17

Die Do 17, von der es über 13 Varianten gab, war zunächst als Verkehrsflugzeug geplant gewesen. Die ersten Prototypen flogen bereits im Jahre 1934. Die Lufthansa konnte sich aber für das schnittige Muster nicht erwärmen, weil es für die Fluggäste zu wenig Platz und Komfort zu bieten schien. Flugkapitän Untucht war es, der diesen Typ dem Reichsluftfahrtministerium dann als Schnellbomber vorschlug. Die Idee wurde akzeptiert, die Do 17 bekam ein doppeltes Seitenleitwerk, um dem Heckschützen ein besseres Schussfeld zu ermöglichen, und 1937 war die Maschine beim Internationalen Flugmeeting in Zürich sogar schneller als die damals konkurrierenden Jagdflugzeuge ausländischer Provenienz. Im Verlauf der weiteren Entwicklung blieb die Do 17 allerdings kein „Schnellbomber" im eigentlichen Sinn. Sie erhielt eine Bewaffnung, die ihre Geschwindigkeit entsprechend herabsetzte und wurde fortan als „mittlerer Bomber" eingesetzt. Flugzeuge dieses Typs traten bei der Schlacht um England in Aktion, nachdem schon im Jahre 1937 das „Edelweiß-Geschwader" mit Do 17 ausgerüstet worden war. Bei der Fronterprobung im Spanischen Bürgerkrieg war die Maschine das schnellste damals vorhandene Bombenflugzeug. Zwischen 1939 und 1940 wurden 500 Do 17 an die Luftwaffe geliefert.

Technische Daten

Verwendungszweck	zweimotoriger mittlerer Bomber
Besatzung	3 Mann
Triebwerke	zwei Bramo 323 P, je 1000 PS
Spannweite	18 m
Länge	15,8 m
Höhe	4,60 m
Höchstgewicht	8860 kg
Geschwindigkeit	360 km/h
Reichweite	1160 km
Gipfelhöhe	7000 m
Bewaffnung	6–8 MG 15, 7,9 mm
Bombenlast	1000 kg

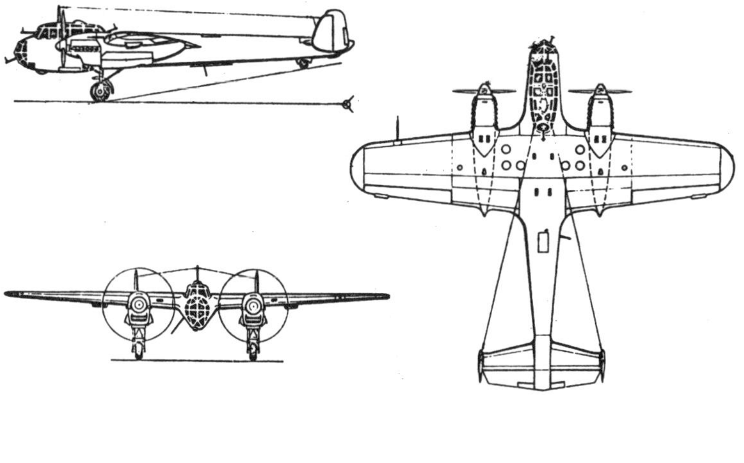

Dornier Do 24 T

Dieses Flugboot wurde 1935 aufgrund der guten Erfahrungen mit dem Dornier „Wal“ von der holländischen Marine bestellt. 60 Boote waren daraufhin geliefert und in Niederländisch-Indien stationiert worden, wo sie zufriedenstellende Leistungen erbrachten. Im Pazifik-Krieg gingen nach dem japanischen Vormarsch die meisten dieser Seeflugzeuge verloren; die sechs letzten wurden von der australischen Luftwaffe (Royal Australian Air Force) übernommen. Die ursprünglich mit amerikanischen Motoren ausgerüsteten Do 24 wurden nach Beendigung des Krieges im Westen (1940) bei den holländischen Lizenznehmern Aviolanda, De Schelde, in Frankreich bei der SNCA-Nord und bei Weserflug als Do 24 T mit deutschen Triebwerken weitergebaut. Größtenteils als Seenotflugboote und für Nachschubzwecke eingesetzt, hatten sich die dreimotorigen Maschinen vom Nordmeer bis zum Schwarzen Meer hervorragend bewährt. Bei der Evakuierung der Halbinsel Krim beispielsweise startete eine Do 24 mit nur zwei intakten Motoren und 40 Mann an Bord, ohne dass es zu einem Unfall gekommen wäre.

Technische Daten

Besatzung	6 Mann
Triebwerk	Bramo 323 R2, 3 x 1000 PS
Spannweite	27,00 m
Länge	21,95 m
Höhe	5,75 m
Rüstgewicht	10 750 kg
Fluggewicht normal	16 200 kg
Fluggewicht maximal	18 400 kg
Höchstgeschwindigkeit	300 km/h
Gipfelhöhe mit normalem Fluggewicht	5900 m
Steigzeit auf 3000 m Höhe	20 Minuten
Reichweite normal	2900 km
Reichweite maximal	4700 km
Bewaffnung	2 x MG 15, 7,9 mm, 1 MK 101, 30 mm

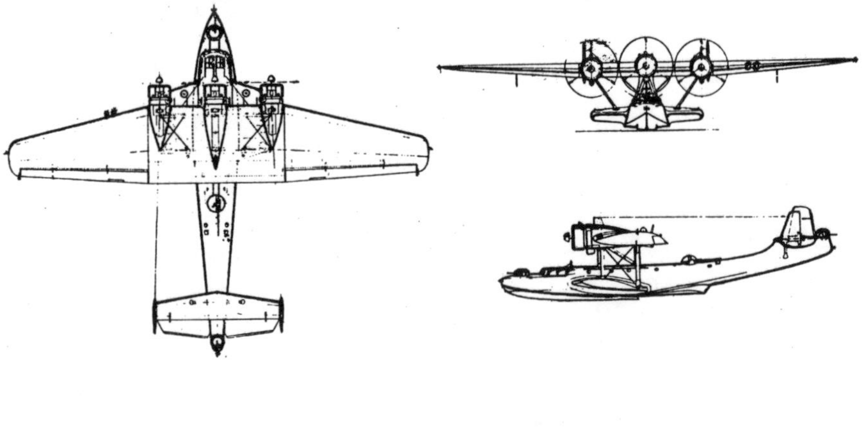

Dornier Do X

Im Jahre 1925 entstand die legendäre Do X mit ersten Entwürfen in Manzell am Bodensee. Als Verkehrsflugboot deklariert, plante Diplom-Ingenieur Claude Dornier ein leistungsfähiges Fernkampfflugzeug für die Reichsmarine. Bereits 1927 wurden die Großflugboote als Fernaufklärer, Minenleger und Versorger für die künftige deutsche U-Boot-Flotte konzipiert. Doch gerade die Verwendung als Versorgungsflugzeug für die U-Boote stellte die Konstrukteure vor Probleme: Die zwölf in Tandembauweise angeordneten Jupiter-Motoren (jeweils 525 PS) waren nicht stark genug, um auf größere Distanz mit einer militärisch sinnvollen Beladung operieren zu können. Hinzu kam, dass die Flugboote bei entsprechender Nutzlast mit Torpedos, Minen oder Treibstoff zu hohes Gewicht aufwiesen. Nach zweijähriger Bauzeit wurde die Do X1 (ein streng geheimer Auftrag der Reichswehr) am 12. 7. 1929 von dem Chefpiloten der Dornier-Werke, Richard Wagner, eingeflogen. Der Testflug bestätigte die Befürchtungen: Die Motoren waren noch immer zu schwach, so dass die Do X1 in der Folgezeit mit Curtiss Conquerer-Sternmotoren (jeweils 640 PS) ausgerüstet wurde. Doch selbst die leistungsstarken Triebwerke verliehen den Flugbooten nicht jene Kraft, die zu einer späteren militärischen Verwendung notwendig war. So traten in den frühen dreißiger Jahren die zivile Nutzung und der Export ins Ausland in den Vordergrund. Nach dem ersten Europa-Rundflug am 5. 11. 1930 erregte vor allem der Fernflug nach Rio de Janeiro und über New York zurück zum Müggelsee bei Berlin am 24. 5. 1932 großes Aufsehen. Diese Flüge führten zu der Erkenntnis, daß die Zuladung größerer Mengen auf Langstrecken unmöglich war. Nach einem ebenfalls vielbeachteten Deutschlandflug mit insgesamt 32 Stationen am 22. 6. 1932 wurde die DO X1 in das Dornier-Werk in Altenrhein (Schweiz) überführt. Trotz der unerfüllten Hoffnung, die Dornier X künftig als offensiven Langstrecken-Waffenträger einsetzen zu können, zeigte Italien großes Interesse an dem Flug-Koloss: Do X2 und Do X3 wurden 1931 und 1932 jeweils mit 560 PS starken Fiat-Reihenmotoren an Italien geliefert und in die 62. Squadrilla Sperimentale Bombardemento Pesante (SBP) in La Spezia eingegliedert. Dort bestätigten sich die deutschen Erfahrungen. Die Do X1 hingegen wurde ausgemustert und im Berliner Luftfahrtmuseum ausgestellt, ehe sie bei einem Luftangriff kurz vor Kriegsende beinahe völlig zerstört wurde.

Technische Daten

Spannweite	48 m
Länge	40,05 m
Höhe	10,10 m
Triebwerke	12 Curtiss Conquerer-Motoren (je 640 PS) bzw. 12 Fiat-Motoren (je 560 PS)
Besatzung	10 Mann
Höchstgeschwindigkeit	216 km/h
Reichweite	3400 km
Gewicht	56 Tonnen

Fieseler Fi 156 „Storch“

Der „Storch“ war eines der bekanntesten Flugzeuge des II. Weltkrieges, unzählige Male Retter in höchster Not und ein beliebter „fliegender Gefechtsstand“ für Heerführer. Die nach einem Entwurf von Prof. Dr.-Ing. Hermann Winter konstruierte Maschine wurde angesichts ihrer technischen Raffinessen (Kombination von Vorflügel, Rollflügel und Querruder) – wenn es nötig war – zum langsamsten Kriegsflugzeug der Welt. 1936 zum erstenmal geflogen, sollte die Fi 156 als Reise- oder Polizeiflugzeug etc. verwendet werden. Ihre „Zeitlupen“-Flugeigenschaften jedoch erweckten verständlicherweise das Interesse der Militärs, und der „Storch“ kam an die Front. Dort narrte er gegnerische Jagdflieger jeglicher Nationalität, startete auf 50 Meter langen Erdflächen und verwirrte Erdbeobachter durch seine Fähigkeit, mit 50 km/h Geschwindigkeit in der Luft sozusagen stehen zu bleiben. Damit nicht genug: „Storch“-Piloten konnten Blindlandungen mit voll angezogenem Höhenruder durchführen und mit einer Geschwindigkeit von 5 m/sec „aufplumpsen“, ohne dass die langen Federbeine Schaden genommen hätten. Als Auslaufstrecke genügte den „Störchen“ eine Distanz von 15 Metern, was oft dazu führte, dass von Feindjägern attackierte „Storch“-Flieger einfach in einer Waldschneise niedergingen. Vom Muster „Storch“, in dem wohl alle deutschen Heerführer einmal durch die Luft getragen worden waren, wurden zwischen 1939 und 1945 insgesamt 15 49 Stück gebaut. In Frankreich, wo das Muster von den Puteaux-Werken auch nach dem Krieg weitergebaut wurde, zogen noch lange „deutsche Störche“ durch den Himmel.

Technische Daten

Verwendungszweck	Mehrzweckflugzeug
Besatzung	ein Pilot, zwei Passagiere
Triebwerk	Argus As 10 C mit 240 PS
Spannweite	14,25 m
Länge	9,90 m
Höhe	3,05 m
Gewicht	1320 kg
Geschwindigkeit	175 km/h
Landegeschwindigkeit	51 km/h
Reichweite	385 km
Gipfelhöhe	5090 m
Bewaffnung	ein MG 15, 7,9 mm

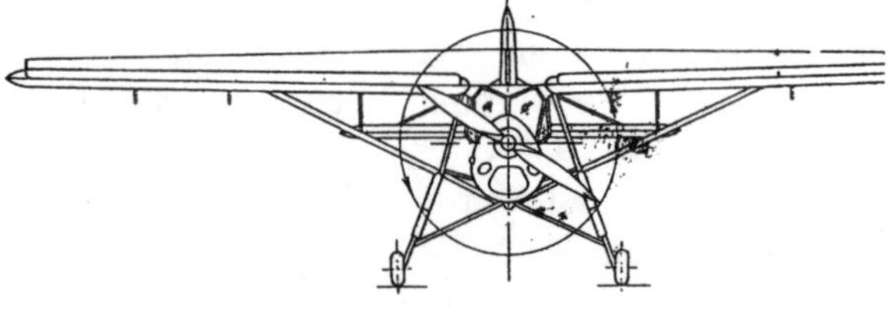

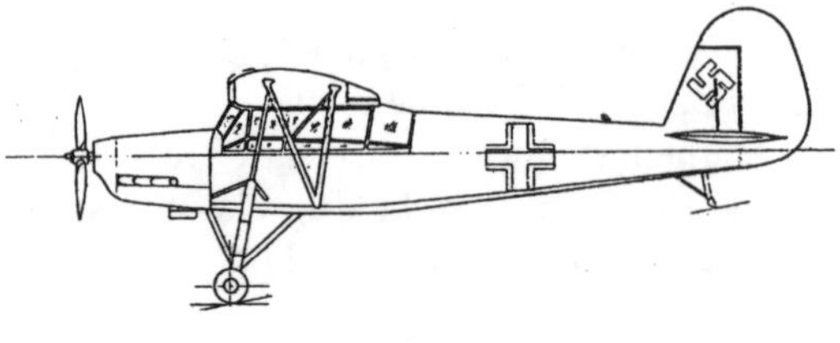

Focke-Wulf FW 61

Der Traum, mit Hilfe eines Fluggeräts senkrecht aufzusteigen, ohne lange Startbahnen benützen zu müssen, ist fast so alt wie der Traum vom Fliegen überhaupt. Während jahrzehntelang mehr oder weniger erfolgreich mit allerlei Flugapparaten experimentiert wurde, legte der russische Wissenschaftler Schukowski 1904 eine Studie über das „Anheben von Nutzlasten durch Drehflügler“ vor und schuf somit den Grundstein für die späteren Arbeiten an Hubschraubern. Wenige Jahre später begannen auch in Deutschland erste Versuche mit Helikoptern. Nach sechsjähriger intensiver Arbeit stellte Focke-Achgelis 1937 den ersten wirklich einsatzfähigen Hubschrauber der Welt, die FW 61 bzw. FA 61, vor. Als Ausgangszelle diente der Rumpf eines Schulflugzeuges des Typs FW 44 „Stieglitz“. Seitlich an den Rumpf wurden zwei pyramidenförmige Ausleger montiert, die an ihrer Spitze die beiden Rotorköpfe trugen. Jeder der beiden dreiblättrigen Rotoren hatte einen Durchmesser von 7,5 Metern. Als Antrieb diente ein Siemens-Motor Sh 14b mit 165 PS. Es wurden zunächst zwei Prototypen gebaut. Beide wurden in langen Testreihen erfolgreich geflogen und mit ihnen sämtliche Rekorde für Hubschrauber nach Deutschland geholt. Eine besondere Vorführung fand in der Deutschlandhalle in Berlin statt, als Hanna Reitsch, die erfolgreichste und zugleich einzige deutsche Testpilotin, die FW 61 in der geschlossenen Halle der Öffentlichkeit vorflog und damit die hervorragenden Manövriereigenschaften des Hubschraubers unter Beweis stellte. Erstmals erkannten nun auch Fachleute im In- und Ausland, welchen Vorsprung das damalige Deutschland auf diesem Gebiet errungen hatte. Die Erfolge mit der FW 61 führten dazu, daß die Luftwaffe den Auftrag zur Entwicklung eines größeren Hubschraubers erteilte, der bis zu 700 kg tragen sollte. Zu einem größeren kriegsmäßigen Einsatz von Hubschraubern kam es im Verlauf des II. Weltkrieges nicht mehr. Heute jedoch sind Drehflügler aus modernen Armeen nicht mehr wegzudenken.

Technische Daten

Typ	Einsitziger leichter Hubschrauber
Antrieb	Siemens-Motor Sh 14b
Leistung	165 PS
Spannweite	15 Meter
Rotordurchmesser	7,5 Meter
Fluggeschwindigkeit	ca. 100 km/h
Flughöhe	ca. 4000 Meter

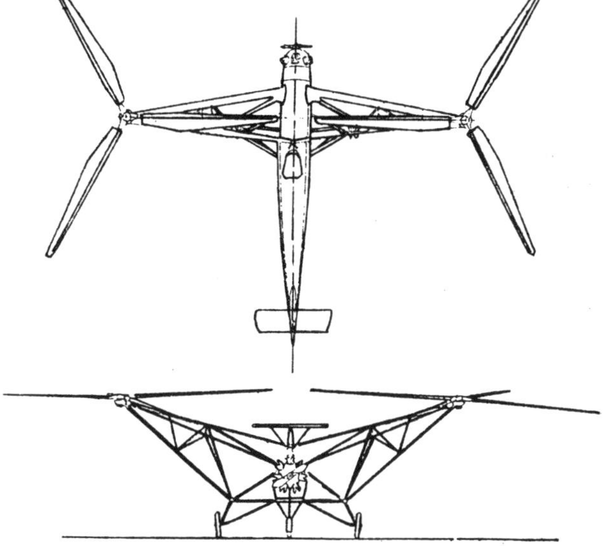

Focke-Wulf FW 190 D-9

Die Focke-Wulf 190 „Dora“, ihrer charakteristischen Linienführung wegen auch „Langnase“ genannt, war eine Weiterentwicklung der bisherigen FW-190-Varianten mit einem flüssigkeitsgekühlten Motor des Typs Jumo 213 und stellte die erste Serienausführung der D-Reihe dar. Die D-9 gehörte damals zu den schnellsten Propellerflugzeugen der Jagdfliegerei, und ab Herbst 1943 erhielten die Maschinen dieser Bauart nach den beiden ersten Namensbuchstaben ihres Konstrukteurs, Prof. Kurt Tank, die Bezeichnung Ta 152. „Longnoses“ (Langnasen), wie sie vom einstigen Gegner genannt wurden, kamen ab September 1944 erstmals beim Jagdgeschwader (JG) 3 „Udet“ und bei der III. Gruppe des JG 54 „Grünherz“ unter Hauptmann Robert „Bazi“ Weiss zum Einsatz. Von Hesepe und Achmer aus sicherten die „Doras“ vor allem Start und Landung der Me 262-Düsenjäger des „Kommandos Nowotny“, erschienen dann auch bei anderen Geschwadern in den Luftschlachten gegen die amerikanischen Bomber und nahmen am 1. Januar 1945 schließlich am Unternehmen „Bodenplatte“, dem Großeinsatz gegen alliierte Flugplätze im belgischen und holländischen Raum, teil. Die normale Motor-PS-Zahl konnte durch eine Wasser-Methanol-Einspritzung kurzfristig auf 2240 PS gesteigert werden, was einem Piloten im Gefahrenfall die Möglichkeit gab, seinen Gegnern mühelos davonzuziehen. Aber auch mit diesen hervorragenden Flugzeugen, die bis zur D-13-Serie variiert wurden, konnte die enorme Luftüberlegenheit der Alliierten nicht mehr ernsthaft gefährdet werden.

Technische Daten

Besatzung	ein Pilot
Triebwerk	Jumo 213 A-1, 1750 PS
Spannweite	10,50 m
Länge	10,24 m
Höhe	3,96 m
Gewicht	4430 kg
Geschwindigkeit	704 km/h
Reichweite	850 km
Gipfelhöhe	11 290 m
Bewaffnung	zwei 13-mm-MG 131, zwei 20-mm-MG 151

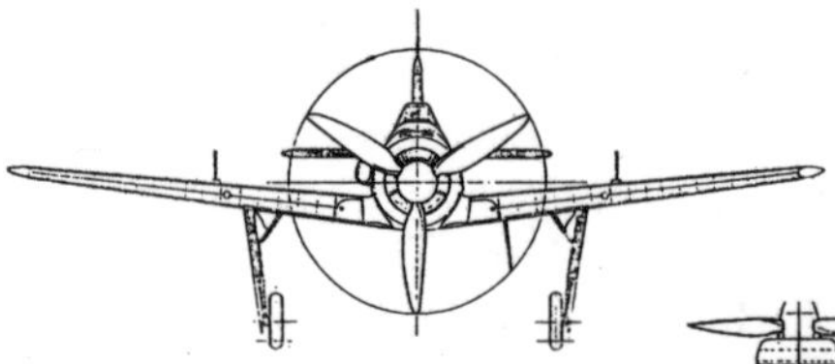

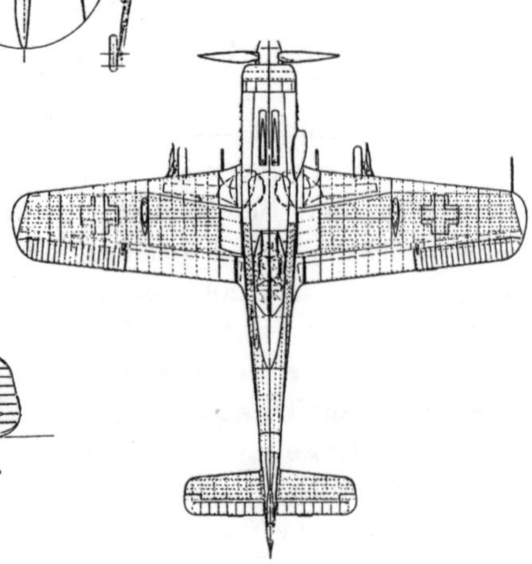

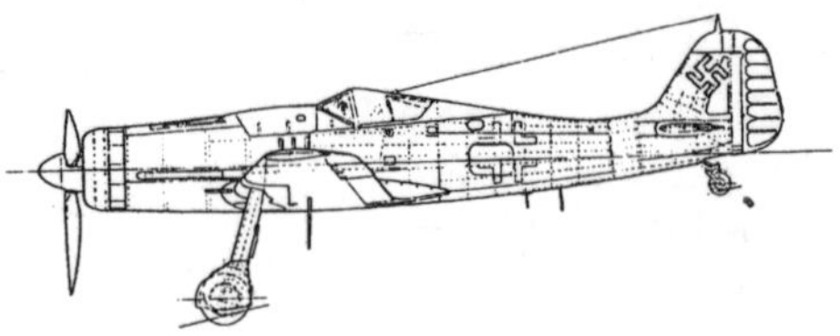

Gotha Go 242

Bei Kriegsbeginn besaß die Luftwaffe hauptsächlich Lastensegler vom Typ DFS 230, die sich bei den ersten Kampfhandlungen im Westen (Eben Emael) und später auch auf Kreta hervorragend bewährten. Im Verlauf des Krieges ergab sich dann die Notwendigkeit, Lastensegler mit einer größeren Transportkapazität einsetzen zu können. So erhielt die Gothaer Waggonfabrik einen entsprechenden Auftrag. Es entstand die Go 242, ein Segler, der von der Ju 52 oder der He 111 geschleppt wurde und so konstruiert war, dass auch Triebwerke eingebaut werden konnten. Von diesem Muster gab es verschiedene Varianten bis zur C-Reihe. Sie unterschieden sich nur geringfügig voneinander. So hatten die Maschinen der B-Reihe beispielsweise ein Dreiradfahrwerk anstelle der Landekufen und andere Zugänge im Heck. Dieses konnte zur Beladung hochgeklappt werden. Die Flugzeuge der C-Reihe besaßen einen Boden für Wasserungen auf See und Stützschwimmer. Muster dieser Art waren hauptsächlich für Sondereinsätze vorgesehen, die aber nicht mehr durchgeführt wurden.

Technische Daten

Verwendungszweck	Lastensegler
Besatzung	zwei Mann und 23 Soldaten
Spannweite	24,50 m
Länge	15,80 m
Höhe	4,40 m
Gewicht	7100 kg
Flügelfläche	64 m^2
Geschwindigkeit	300 km/h
Schleppgeschwindigkeit	240 km/h
Gleitwinkel	1 : 16

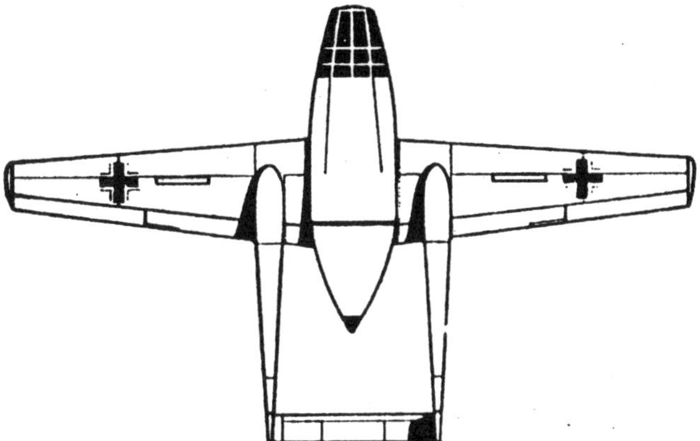

Heinkel He 100

Als Jagdflugzeug konzipiert, wurde diese Maschine als eigentliche Nachfolgerin der He 112 zum Bluffmittel der damaligen NS-Propaganda und im Tauziehen zwischen Heinkel und Messerschmitt zu einer Hauptdarstellerin bei der Erringung von Rekorden. Begonnen hatte alles nach einer Ausschreibung des Reichsluftfahrtministeriums (RLM) von 1935 für einen neuen Standardjäger der Luftwaffe. Messerschmitts Bf 109 bekam 1936 den Zuschlag, Heinkels He 112 fand keine Gnade, was bei ihm offenbar Rachegelüste erweckte. Diese gipfelten schließlich in der Schaffung der He 100. Inzwischen hatte die Bf 109* von Messerschmitt bereits Lorbeeren errungen: 1937 Welterfolge beim 4. internationalen Flugmeeting in der Schweiz und im November des gleichen Jahres den Geschwindigkeitsrekord für Landflugzeuge mit 610,21 km/h. Doch nun warf Heinkel seinen Superstar He 100 ins Rennen. Mit dem Chef des Technischen Amtes im RLM, Generalmajor Ernst Udet, in der Kabine erreichte sein Wundervogel an Pfingsten 1938 eine Geschwindigkeit von 634,73 km/h. Dieser Weltrekord für Landflugzeuge über eine Strecke von 100 km wurde von dem Heinkel-Testpiloten Hans Dieterle am 30. 3. 1939 mit 746,606 km/h sogar noch überboten – eine damals sagenhafte Leistung, die dann aber vom Messerschmitt-Einflieger Fritz Wendel am 26. 4. 1939 auf 755,138 km/h erneut hinaufgeschraubt wurde. Es sollte dabei bleiben, und die hochgezüchteten Rekordmaschinen verschwanden vom Himmel. Heinkels He 100 ebenfalls. Sie wurde nie ein Standardjäger, sondern nach Japan und in die Sowjetunion verkauft.

Technische Daten
(V8)

Länge	8,18 m
Spannweite	7,60 m
Höhe	3,60 m
Gewicht	2475 kg
Triebwerk	DB** 601 R, 1800 PS
Geschwindigkeit	770 km/h
Bewaffnung	keine

* Bf = Bayerische Flugzeugwerke, ab 1938 Messerschmitt AG = „Me“
** = Daimler-Benz

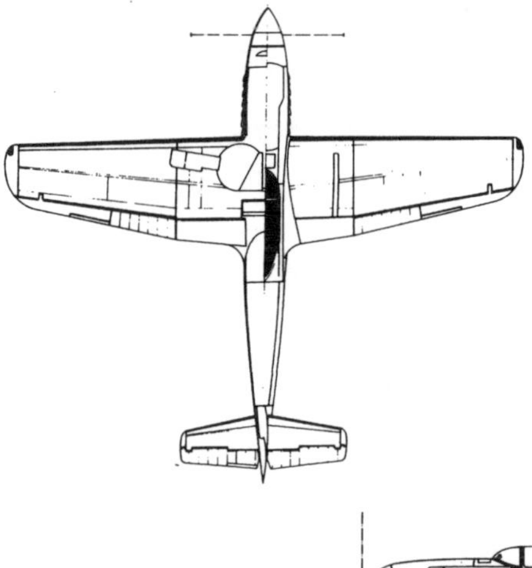

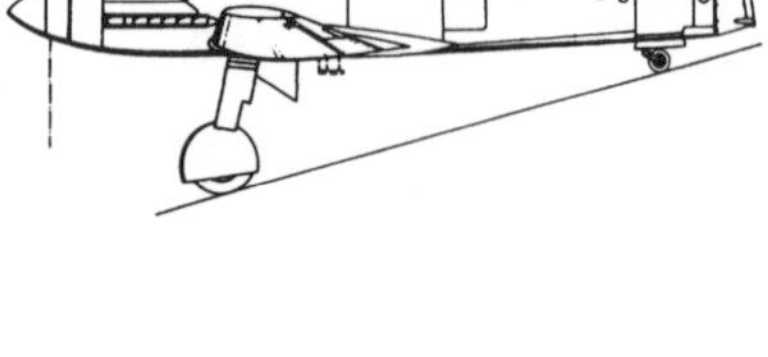

Heinkel He 162

Am 10. 7. 1944 hatte Siegfried Günther von den Heinkel-Werken die Studie für einen Strahljäger vorgelegt, die dann in erstaunlich kurzer Zeit realisiert werden sollte. Schon am 6. Dezember führte Flugkapitän Peter den Erstflug durch, doch wenige Tage später fand er bei einem weiteren Test mit einer He 162 den Tod. Am 28. 1. 1945, als die deutsche Rüstungsindustrie kaum noch funktionsfähig war, wurde die erste Serienmaschine fertiggestellt. Anfang Februar begann die Umrüstung des Jagdgeschwaders 1 „Oesau" auf den neuen Typ, nachdem verschiedene Fliegerasse den Strahljäger geflogen und manche Einwände geltend gemacht hatten. Der erste Einsatz mit der He 162 fand Ende April statt, wobei zwei Abschüsse erzielt werden konnten. Den ersten Luftsieg mit einem „Volksjäger" hatte schon einige Monate zuvor Oberst Ihlefeld erzielt. Doch dann kam mit dem Ende des Krieges auch jenes für die He 162. Am 8. Mai 1945 wurden die noch vorhandenen Maschinen auf dem Flugplatz Leck von alliierten Spezialisten unversehrt in Empfang genommen.

Technische Daten
(He 162 A-11)

Länge	9,05 m
Spannweite	7,2 m
Höhe	2,6 m
Fluggewicht	3300 kg
Höchstgeschwindigkeit in 6000 m Höhe	712 km/h
Reichweite	rd. 415 km
Gipfelhöhe	8000 m
Bewaffnung	zwei MK 108 (30 mm)
Besatzung	1 Mann
Triebwerksleistung	500 kp

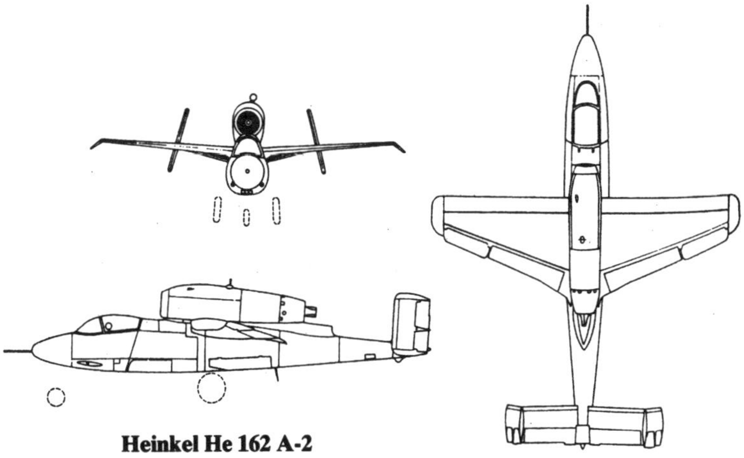

Heinkel He 162 A-2

Heinkel He 177

Das „Einsatzleben“ der He 177 war stets von einer gewissen Tragik umwittert. In den Vorstellungen der RLM-Planer (Reichsluftfahrtministerium) als Fernbomber existent, wurde die He 177 im Jahre 1938 aus der Taufe gehoben. Die Maschine war mit zwei Triebwerken auf einem Motorblock ausgestattet, glich äußerlich also einem zweimotorigen Flugzeug, war aber praktisch ein viermotoriges. Der Wunsch des damaligen Generalluftzeugmeisters Ernst Udet, auch die He 177 sturzflugfähig zu machen, wurde zum ersten großen Handicap bei der Entwicklung dieses Musters. Diese Anweisung wurde erst im Jahre 1944 zurückgenommen, wo es aber in jeder Beziehung bereits zu spät war. Als die ersten He 177 im Oktober 1940 an die Truppe geliefert wurden, traten schon nach kurzer Zeit alarmierende Unfälle ein. Tragflächen brachen und Motoren brannten, so dass die He 177 bei den Frontverbänden schließlich die Bezeichnung „Fliegendes Feuerzeug“ erhielt. Bis Oktober 1944 wurden von der Maschine 1094 Stück gebaut und davon rund 200 an die Einsatzverbände verteilt. Trotz größter Anstrengungen war es aber nie gelungen, die Brandanfälligkeit der Motoren zu beseitigen. Andererseits besaß die He 177 hervorragende Flugeigenschaften. Maschinen dieses Typs wurden für Angriffe gegen England und alliierte Geleitzüge verwendet. Nach Kriegsende konnten die Engländer in Norwegen rund 800 unbeschädigte und neuwertige He 177 in Besitz nehmen.

Technische Daten

Spannweite	31,44 m
Länge	21,90 m
Höhe	6,70 m
Besatzung	sechs Mann
Triebwerke	2 DB 610 A/B-Motoren mit je 2950 PS
Gefechtsgewicht	31 Tonnen
Höchstgeschwindigkeit	565 km/h
Reichweite	3650 km
Bewaffnung	2 MG 151, 20 mm, 2 MG 181, 1 MG 81, 7,9 mm, 1 MG 131, 13 mm
Bombenlast	7,2 Tonnen

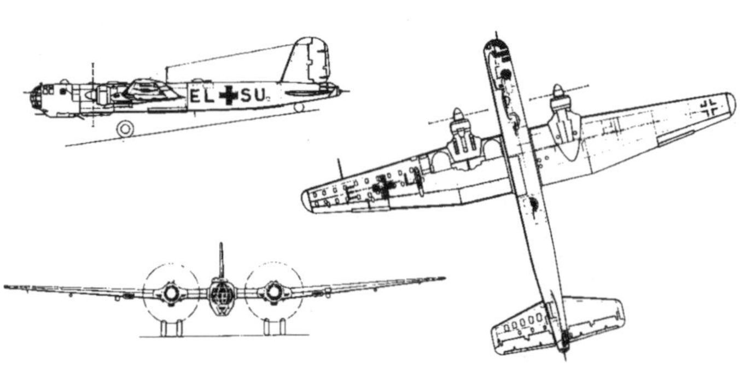

Heinkel He 219 „Uhu“

Dieses Flugzeug wird von Fachleuten als der beste Nachtjäger des II. Weltkrieges bezeichnet. Seine Geburtsstunde schlug eigentlich schon am 28. April 1940, als Heinkel dem Reichsluftfahrtministerium (RLM) den Vorschlag für ein Mehrzweckflugzeug unterbreitet hatte. Es sollte mit einem Bugrad und einem Schleudersitz ausgestattet sein, beides Einrichtungen, mit denen sich die Experten des RLM zunächst nicht befreunden konnten. Das Projekt trug die Bezeichnung He 219 und sollte noch jahrelang zum Zankapfel zwischen dem Herstellerwerk und dem späteren Generalluftzeugmeister Erhard Milch werden. Im März 1941 erfolgte die Genehmigung zum Bau einer Mustermaschine. Anfang 1942 wurde von Heinkel dann der erste Entwurf für eine zweisitzige He 219 als Nachtjäger vorgelegt und vom RLM ein Bauauftrag erteilt. Die Entwicklung dieser Nachtjagdmaschine war inzwischen auch dem britischen Geheimdienst bekannt geworden. Bei verschiedenen Luftangriffen wurde das Heinkel-Werk in Rostock-Marienehe zu 60 Prozent zerstört, der He-219-Prototyp jedoch nicht beschädigt. Ende 1942 erfolgte der Erstflug der He 219 V-1, und im Frühjahr 1943 kamen die ersten He 219 zum Nachtjagdgeschwader 1. Die in die Maschine gesetzten Erwartungen sollten sich bald erfüllen. In der Nacht zum 12. 6. 1943 schoss z.B. Major Streib bei einem britischen Angriff auf Düsseldorf fünf Viermot-Bomber ab, und auch in der Folgezeit wurden mit dem „Uhu“ bemerkenswerte Erfolge erzielt. Schließlich fiel aber auch dieses hervorragende Nachtflugzeug, von dem 294 (nach anderen Quellen 274) Stück ausgeliefert worden waren, dem „Jäger-Notprogramm“ zum Opfer, nachdem seine Produktion im November 1944 hatte eingestellt werden müssen.

Technische Daten
(A-7/R 2)

Spannweite	18,50 m
Länge	16,34 m
Höhe	4,10 m
Triebwerke	2 x DB 603 E mit je 1800 PS
Besatzung	2 Mann
Leergewicht	8345 kg
Höchstgeschwindigkeit	625 km/h
Dienstgipfelhöhe (mit Zusatztreibstoff)	12000 m
Reichweite	2500 km
Bewaffnung	2 MG 151/20 (2 cm) in der Rumpfwanne, 2 MG 151/20 in den Tragflächen, 2 MK 108 im Rumpf, schräg nach vorn oben starr eingebaut, „schräge Musik“ genannt

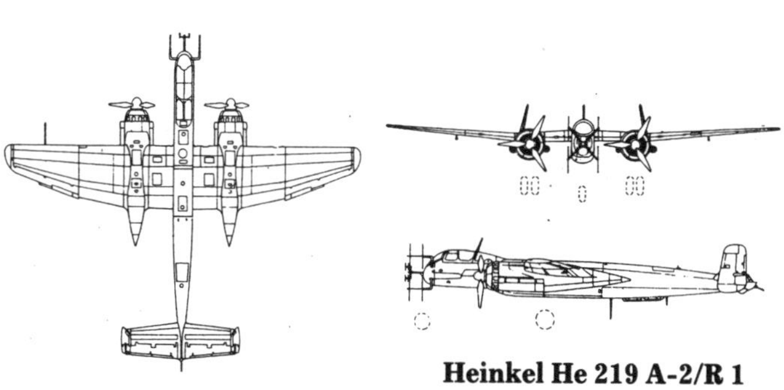

Heinkel He 219 A-2/R 1

Henschel Hs 129

Focke-Wulf und Henschel erhielten 1937 Entwicklungsaufträge für ein Schlachtflugzeug. Der Henschel-Entwurf der Hs 129 wurde der FW 189 schließlich vorgezogen. Beide Baumuster erhielten den Argus As 410 als Triebwerk. Eine kleine Vorserie der Hs 129 A-0 mit zwei As 410, Startleistung 465 PS, erfüllte jedoch die Erwartungen der Luftwaffe nicht. Nach der Besetzung Frankreichs im Jahre 1940 standen dann größere Mengen an Gnôme-Rhône-14-M-Motoren zur Verfügung. Nachdem fest stand, dass der Serienbau dieses Motors gesichert erschien, entschloss man sich, die Hs 129 mit diesen Triebwerken, die eine Startleistung von 2 x 700 PS erreichten, auszurüsten. Die neue Hs 129 B-0 ging 1941 in die Erprobung. Im Dezember 1941 begann der Serienbau. Als erster Verband wurde die 4. Staffel des Schlachtgeschwaders (SG) 1 in Lippstadt mit der Hs 129 B-1 ausgerüstet. Am 10. Mai 1942 ging diese Einheit an die Ostfront. Die 8./SG 1 folgte kurze Zeit später. Am 30. 9. 1942 wurde in Deblin-Irena die 4./SG 2 ebenfalls mit der Hs 129 B-1 ausgerüstet und kam im November 1942 nach Nordafrika. Dort traten Schwierigkeiten auf, da die Triebwerke sich als sehr staubempfindlich erwiesen. 1942 wurden 219 Hs 129 B-1 ausgeliefert, während die wenigen Hs 129 A-1 an Rumänien abgegeben wurden. Im Oktober 1943 wurden alle Hs 129 B-1 in der IV. (Pz)/SG 9 unter Führung von Hauptmann Bruno Meyer zusammengefasst. Die Bewaffnung der Hs 129 B wurde durch Rüstsätze variiert. Es wurden Kanonen von 20 bis 75 mm Kaliber eingebaut, auch Lastenträger für Waffenbehälter mit 96 SD2-Splitterbomben oder Aufhängevorrichtungen für 50-kg-Bomben. Die Standardbewaffnung bestand aus 2 MG 151/20, 20 mm, und zwei MG 17, 7,9 mm. Der Führersitz war mit Panzerplatten von 6 und 12 mm Stärke ausgestattet. Insgesamt sind 867 Hs 129 gebaut worden. Die Fertigung endete im Herbst 1944.

Technische Daten

Spannweite	14,20 m
Länge	10,10 m
Höhe	3,25 m
Fluggewicht maximal	5250 kg
Höchstgeschwindigkeit	355 km/h
Landegeschwindigkeit	145 km/h
Gipfelhöhe	7500 m
Reichweite	670 km
Besatzung	1 Mann

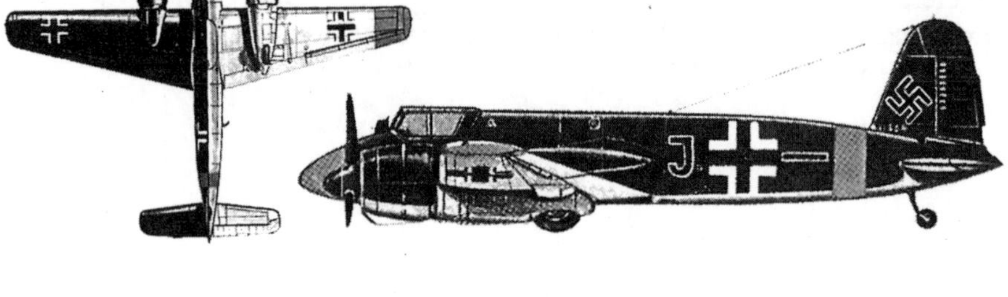

Junkers Ju 52

Die Ju 52, auch „Tante Ju“ genannt, war ein Flugzeug, das selbst der letzte Landser kannte, schätzte und – manchmal herbeisehnte. Tausende von deutschen Soldaten wären heute wohl nicht mehr am Leben, hätte eine „Ju“ sie nicht aus einem Kessel ausgeflogen. Dieses vielleicht „gutmütigste“ aller Flugzeuge, einmal das sicherste Verkehrsmittel der Deutschen Lufthansa, war eine Nachfolgerin der W 33, zuerst einmotorig und ab 1932 dreimotorig gebaut. Während des Internationalen Alpenfluges im Jahre 1932 wurde die Ju 52 sogar Siegerin im Wettbewerb der Verkehrsflugzeuge. Später wurde sie in 25 Ländern von 30 Fluggesellschaften für den Linienverkehr verwendet. Im Krieg war die Ju 52 sozusagen als „Mädchen für alles“ verwendet worden und erwies sich sehr oft als Helferin in höchster Not. Sie brachte Verpflegung, Sanitätsmaterial und Munition zu eingeschlossenen Verbänden, so z.B. in den Kessel von Demjansk, vor allem aber in die Ruinenwüste von Stalingrad. Die dabei von den Besatzungen der Transportgruppen mit ihren Ju 52 bei eisigen Schneestürmen vollbrachten Leistungen werden wohl für immer unvergänglich bleiben. Allein schon die Tatsache, daß sie an 70 Einsatztagen 24 910 Verwundete und Kranke aus dem Kessel ausflogen, mag für sich sprechen. Die „alte Ju“, die noch mit schwersten Beschussschäden und einem Motor fliegen konnte, war praktisch auf jedem Acker zu landen und zu starten. Von 1939 bis 1944 wurden von dem Muster Ju 52 3/m und den folgenden Varianten 2804 Maschinen gebaut.

Technische Daten

Verwendungszweck	Transportflugzeug
Besatzung	drei Mann plus 15–17 Passagiere
Triebwerke	drei BMW 132-A mit je 660 PS
Spannweite	29,25 m
Länge	18,90 m
Höhe	6,10 m
Gewicht	10,5 t
Geschwindigkeit	290 km/h
Landegeschwindigkeit	106 km/h
Reichweite	1280 km
Gipfelhöhe	6300 m
Bewaffnung	1 MG 131, 13 mm, im offenen Stand über dem Rumpf, zwei 7,9-mm-MG an Rumpfseiten

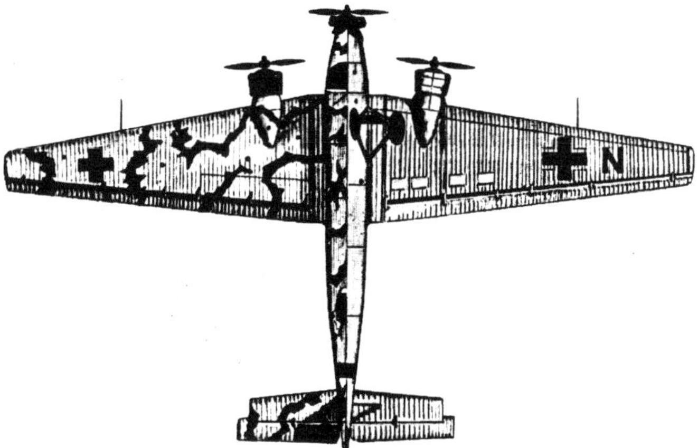

Junkers Ju 87 „Stuka“

Die Ju 87, „Stuka“ (Sturzkampfbomber) genannt, war das legendärste Flugzeug des II. Weltkrieges. Das Entsetzen, das allein drei Ju 87 während des Spanischen Bürgerkrieges (1936–1939) bei ihren Gegnern hervorriefen, sollte in den Kriegen mit Polen und Frankreich seine Fortsetzung finden. Maßgeblich hierfür war neben der Treffsicherheit dieses Flugzeuges die im Motor eingebaute Sirene, „Jericho-Trompete“ genannt. Nach Dünkirchen und der Schlacht um England war allerdings klar geworden, dass die verhältnismäßig langsamen und schwach bewaffneten Ju 87, von denen zwischen 1939 und 1944 rund 4900 Stück gebaut wurden, gegen moderne Feindjäger nur wenig Chancen hatten. Dennoch sollte die Zeit ihrer größten Erfolge erst noch kommen: in Russland. „Stukas“ waren an allen Schwerpunkten der Schlachten eingesetzt, wurden die „Feuerwehr der Luft“, bekämpften feindliche Bunkerstellungen, Erdkampfverbände und vor allem russische Panzer. Aus dem Stukageschwader 2 hervorgegangen, wurde einer ihrer Piloten der am höchsten ausgezeichnete deutsche Soldat des II. Weltkrieges: Oberst Hans-Ullrich Rudel, der mit seinem „Kanonenvogel“ allein über 500 russische Panzer abschoss und als einziger Angehöriger der Wehrmacht mit dem Goldenen Eichenlaub zum Ritterkreuz ausgezeichnet worden war.

Technische Daten

Spannweite	13,80 m
Länge	10,82 m
Höhe	3,84 m
Triebwerk	Jumo 211 J, 1300 PS, Zwölfzylinder
Besatzung	Pilot und Bordfunker
Fluggewicht	5720 kg
Geschwindigkeit	408 km/h in 4200 m
Landegeschwindigkeit	110 km/h
Reichweite	1000 km
Gipfelhöhe	7320 m
Bewaffnung	zwei MG 17, 7,9 mm, starr in den Flügelknicks, 1 Zwillings-MG 81 Z, 7,9 mm, an der Kabinenrückseite
Bombenlast	1800 kg

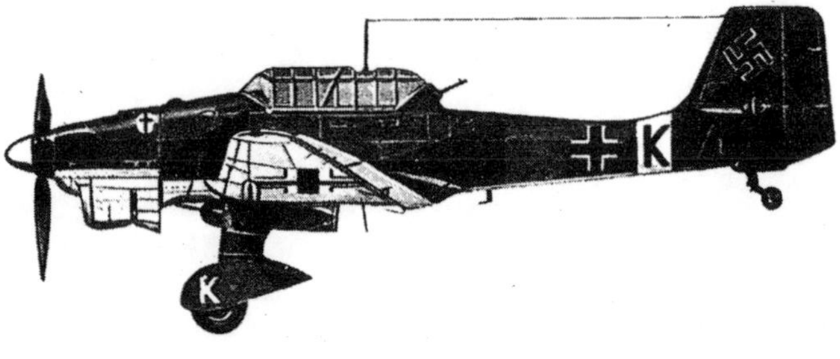

Junkers Ju 88

Die Ju 88, von der es über 50 Versionen gab, war ein „großer Wurf“ auf dem Sektor der Mittelstreckenbomber. Der Erstflug des Prototyps erfolgte bereits am 21. Dezember 1936, und schon das fünfte Versuchsmodell errang am 19. März und am 30. Juni 1939 mit 517,004 km/h über 1000 km und mit 500,786 km/h über 2000 km (mit 2000 kg Nutzlast) Aufsehen erregende Rekorde. Die Maschine, zunächst als unbewaffneter Schnellbomber mit hoher Geschwindigkeit projektiert, wurde dann doch bewaffnet und sturzfähig gemacht. Später, von 1940 ab, als sie bei den Frontverbänden geflogen wurde, zeigte es sich, dass man mit dieser Maschine praktisch alles machen konnte. So war sie zu verwenden als Sturzbomber, Horizontalbomber, Tag- und Nachtjäger, Tiefangriffsflugzeug, Torpedobomber, Aufklärer und einiges mehr. Ihr Einsatzdebüt lieferte die Ju 88 während der Schlacht um England und beim Luftkrieg gegen Seeziele rings um die Britischen Inseln. Im übrigen waren Ju-88-Maschinen praktisch an allen Fronten eingesetzt: im hohen Norden, in Russland und Afrika, im Mittelmeer usw. Im weiteren Verlauf des Krieges wurde die Ju 88 auch als Nachtjagdmaschine verwendet. Insgesamt wurden von 1939 bis 1945 rund 15 000 Ju 88 gebaut, wobei an den einzelnen Serien 3000 Änderungen vorgenommen worden waren.

Technische Daten

Verwendungszweck	Mittelstreckenbomber, Mehrzweckflugzeug
Besatzung	vier Mann
Triebwerke	zwei Jumo 211 B-1 mit je 1200 PS
Spannweite	18,37 m
Länge	14,36 m
Höhe	4,80 m
Gefechtsgewicht	12 122 kg
Geschwindigkeit	472 km/h in 5300 m
Reichweite	2730 km
Gipfelhöhe	8235 m
Bombenlast	1800 kg

Bewaffnung: 1 MG 131,13 mm, im Bug, vom Beobachter bedient; 1 MG 81, in der Frontscheibe, vom Flugzeugführer bedient; zwei MG 81, 7,9 mm, hinten, vom Bordschützen bedient; 1 MG 81 Z (Zwilling), im hinteren Teil der Bodenlafette (Bola).

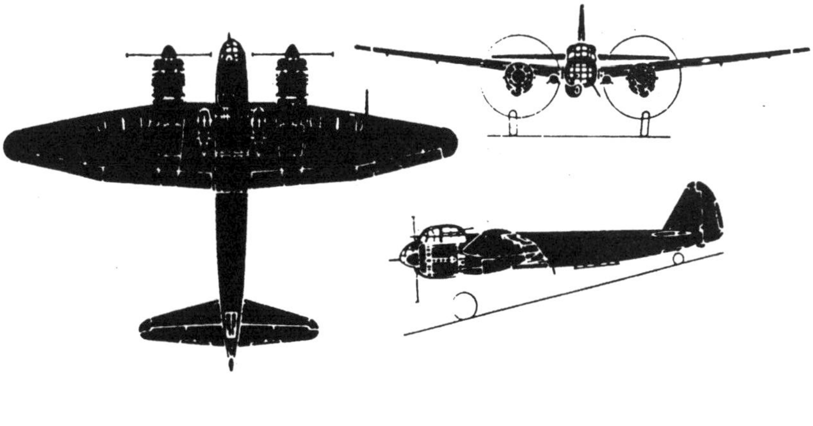

Junkers Ju 88 G-6

Diese Nachtjagdversion des Mehrzweckflugzeugs Ju 88 kam im Spätherbst 1944 zur Truppe. Aber erst nach Ausrüstung der Maschinen mit dem Ortungsgerät FuG (Funkgerät) 218 „Neptun" und dem Zielanfluggerät FuG 350 „Naxos ZR" konnten diese Flugzeuge nach einem absoluten Tiefpunkt der deutschen Nachtjagd deren Kampfleistungen verbessern. Besonders das „Naxos ZR", ein Zielanfluggerät, das auf das englische Radarsystem H2S ansprach und außerdem ein Rückwärtswarngerät darstellte, wirkte sich positiv aus, und die Abschüsse deutscher Nachtjäger durch englische Fernnachtjäger ließen spürbar nach. Mit Hilfe des FuG 218 konnten acht Besatzungen der I. und IV. Gruppe des Nachtjagdgeschwaders 6 bei einem Angriff auf Worms im Februar 1945 in 29 Minuten 21 englische Bomber abschießen. Die auf der Rückseite abgebildete Maschine wurde nach dem Waffenstillstand 1945 in Wunstorf aufgenommen.

Technische Daten

Besatzung	3 Mann
Triebwerk	Junkers Jumo 213 A, 2 x 1750 PS
Spannweite	20,08 m
Länge	15,50 m
Höhe	5,07 m
Fluggewicht	12 400 kg
Höchstgeschwindigkeit	580 km/h
Landegeschwindigkeit	170 km/h
Reichweite	2200 km
Gipfelhöhe	9550 m
Bewaffnung	6 MG 151/20 (20 mm) und 1 MG 131(13 mm)
Funkausrüstung	FuG 220 Lichtenstein SN 2, später FuG 218 und FuG 350 ZR

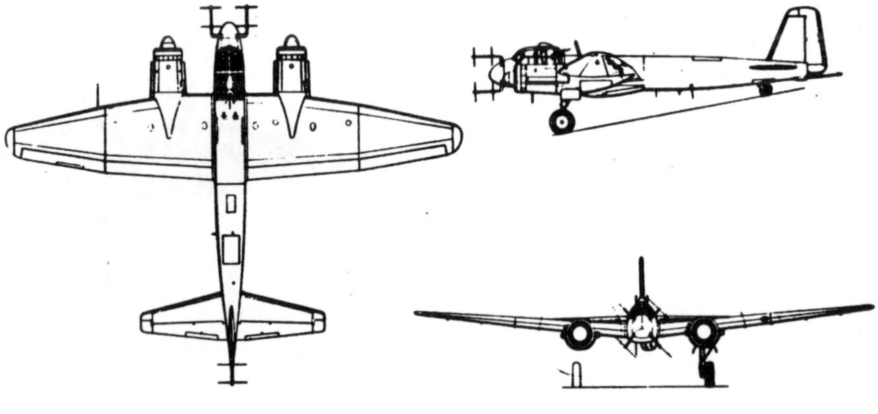

Junkers Ju 188

Nach der Ju 88, diesem vielseitig verwendbaren und im Einsatz bewährten zweimotorigen Flugzeug, wurde mit der Ju 188 eigentlich nur eine noch bessere Ju 88 entworfen und zum Einsatz gebracht. Im Vergleich zu seinem Ebenbild besaß der neue Typ einen Vollsicht-Kanzelbug. Außerdem war die Spannweite vergrößert worden. Stärkere Triebwerke ermöglichten eine bessere Leistung und die Mitführung einer erhöhten Bombenlast. Mit der Ju 188 A-1 wurde der Fronttruppe ein Horizontal- und Sturzbomber geliefert, der neben seinen anderen Vorzügen vor allem durch eine bedeutend wirkungsvollere Abwehrbewaffnung beeindruckte. Bei der A-2 Serie hatten die Motoren Flammendämpfer für den Nachteinsatz, die Serie A-3 war als Torpedobomber gedacht, die C-Reihe wies eine noch stärkere Bewaffnung auf. Die Maschinen der D-Reihe erfüllten Aufklärerfunktionen. In 7000 Meter Höhe konnten sie durch Wasser-Methanol-Einspritzung im Notleistungsflug 560 km/h erreichen. Die E-Reihe war die erste Serienausführung mit BMW-801-D-Motoren, und die Maschinen der F-Reihe waren als Aufklärer mit einer Reichweite von 3000 Kilometem eingesetzt. Insgesamt wurden von der Ju 188 von 1942 bis 1945 1036 Maschinen gebaut – 466 als Bomber und 570 als Aufklärer.

Technische Daten

(A-1-Reihe)

Besatzung	vier Mann
Triebwerke	2 x Jumo 213 A mit je 1750 PS
Spannweite	22 m
Länge	14,96 m
Höhe	4,90 m
Gefechtsgewicht	14530 kg
Geschwindigkeit	530 km/h in 6100 m
Reichweite	2480 km
Gipfelhöhe	10090 m
Bewaffnung	zwei MG 151/20, 20 mm und zwei MG 131, 13 mm
Bombenlast	3000 kg

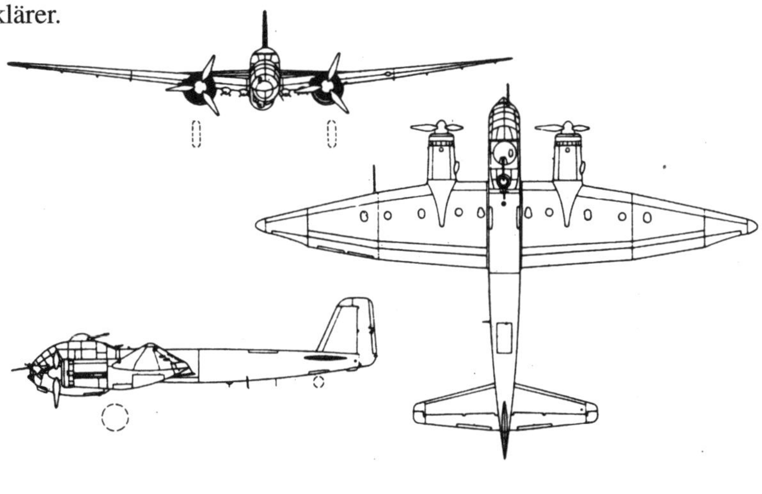

Junkers Ju 252

Wie schon aus der Typenbezeichnung ersichtlich, war die Ju 252 als Nachfolgerin der „Tante Ju“, der berühmten und zuverlässigen Ju 52, vorgesehen. Mit den Entwicklungsarbeiten wurde schon im Jahre 1941 begonnen. Dabei hatten die Konstrukteure bereits den Luftverkehr nach Kriegsende im Auge, denn man war sich darüber klar, daß die Ju 52 höheren Anforderungen hinsichtlich Flugkomfort und Aufnahmefähigkeit von Passagieren etc. nicht mehr gewachsen sein würde. So entstand ein neues Muster, dessen Erstflug bereits im Jahre 1941 stattfand. Im Gegensatz zur Ju 52 besaß die Maschine eine Außenhaut aus Glattblech und ein einziehbares Fahrwerk. Im Frühjahr 1942 wurde der Prototyp zur Transportmaschine verändert. Da aber damals ein beträchtlicher Engpass in der Lieferung von Leichtmetall bestand, musste zu einer anderen Konstruktionsart übergegangen werden. Die neuen Aspekte wurden dann in der Ju 352 realisiert, die sich von ihrer Vorgängerin in zahlreichen Einzelheiten unterschied. Zum Fronteinsatz ist dieses Muster nur in geringer Stückzahl gekommen.

Technische Daten

Besatzung	drei Mann Besatzung und 32 Passagiere
Triebwerke	drei Jumo 211 J mit je 1300 PS
Spannweite	34,09 m
Länge	25,10 m
Höhe	6,60 m
Fluggewicht	22 481 kg
Geschwindigkeit	430 km/h
Reichweite	2500 km
Gipfelhöhe	6850 m

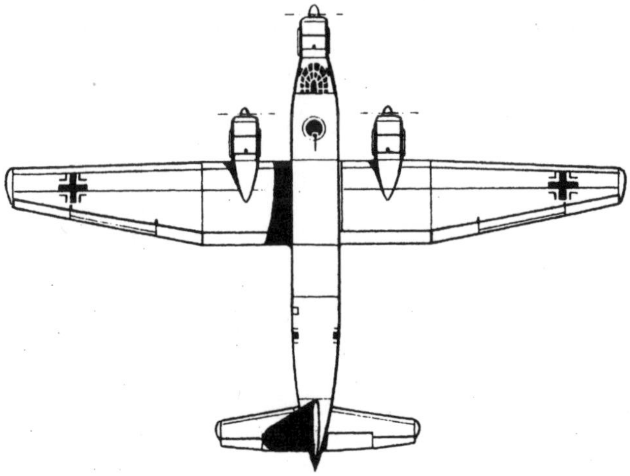

Junkers Ju 290

1942 begann man bei Junkers, aus der Ju 90 einen neuen Transporter mit größeren Möglichkeiten zu entwickeln. Ausgangsmuster war die Ju 90 V 7, die aber praktisch bis auf den Rumpf ein vollkommen neues Flugzeug darstellte. Als Triebwerk dienten vier BMW 801 C mit je 1600 PS Startleistung. Zwischen Flügelhinterkante und Leitwerk war im Rumpf eine so genannte Trapoklappe eingebaut worden, die beim Ausfahren das Heck so weit anhob, dass Pkw, leichte Fla-Geschütze und Pak eingefahren werden konnten. Mit vergrößerten Fallschirmen war es möglich, aus dieser Klappe selbst schwere Lasten, wie z.B. Triebwerke, während des Fluges abzuwerfen. An einem weiteren Prototyp, der Ju 90 V 8, wurden dann Einbauten von Waffenständen erprobt. Der „Fliegerführer Atlantik“ hatte an dieser Maschine großes Interesse, denn sie war eine willkommene Ergänzung der FW 200 C. So wurde nun ein großes Ju-290-Programm gestartet, dessen Leiter Flugkapitän Major d.R. Otto Brauer wurde, der schon den ersten deutschen Großraumtransporter Junkers G 38 geflogen hatte. Neun Ju 290 der Anfangsproduktion wurden für den Nachschub nach Afrika eingesetzt. Eine von diesen Maschinen wurde mit einer Lufthansa-Besatzung nach Stalingrad geschickt und ging dort verloren. Aus der Version A-1, die hauptsächlich als Transporter eingesetzt war, entstand dann über die Zwischenlösungen A-2 und A-3 der Fernaufklärer und Fernbomber Ju 290 A-5, dessen Bewaffnung verstärkt war und der eine Besatzung von 9 Mann hatte. Nach Ablieferung von 18 Maschinen lief die Fertigung in Dessau aus. Zumindest eine Ju 290 A-5 ist noch nach dem Kriege unter der Bezeichnung Letov L 290 „Orel“ (Adler) in der Tschechoslowakei als Transporter geflogen.

Technische Daten
(A-5)

Baujahr	1943
Verwendungszweck	Aufklärer / Bomber
Besatzung	9 Mann
Triebwerk	BMW 801 E, 4 x 1750 PS
Spannweite	42,00 m
Länge	28,64 m
Höhe	6,83 m
Fluggewicht	42 000 kg
Nutzlast	10 000 kg
Höchstgeschwindigkeit	445 km/h
Landegeschwindigkeit	120 km/h
Reichweite	2000 km
Gipfelhöhe	5000 m
Bewaffnung	6 x MG 151/20, 1 x MG 131

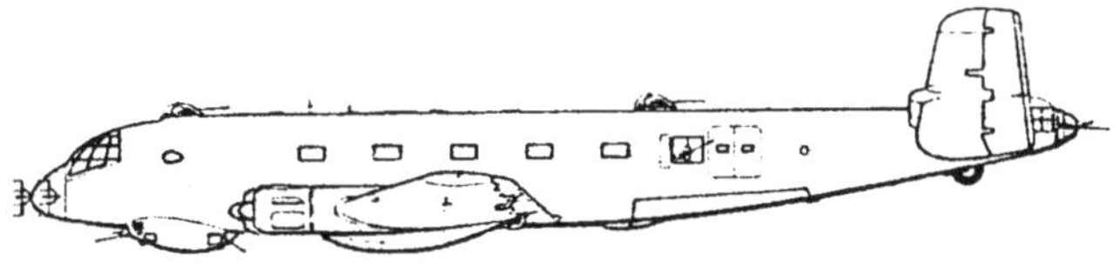

Messerschmitt BF 110 G-4b/R3

Diese Nachtjagdversion des Zerstörers BF (Me) 110 kam ab Sommer 1943 zu den Nachtjagdverbänden und ist bis Kriegsende bei den Nachtjagdgeschwadern 1–6, 200, 101 und 102 in großen Stückzahlen im Einsatz gewesen. Das berühmteste Flugzeug dieses Typs war die Maschine Major Schnaufers – des erfolgreichsten Weltkrieg-II-Nachtjägers –, die auf der Kriegsbeuteausstellung in Farnborough 1946 mit ihren 121 Abschussstreifen allgemeines Aufsehen erregte. Das Leitwerk mit diesen Markierungen steht heute im Imperial War Museum in London. Trotz geringerer Leistungen ist es mehreren Besatzungen gelungen, mit diesem Typ sieben der wesentlich schnelleren englischen „Mosquitos“ abzuschießen. Dies war zum Teil auch auf die gute Ausrüstung der Maschine mit Ortungsanlagen zurückzuführen.

Technische Daten

Besatzung	3 Mann
Triebwerk	Daimler-Benz DB 605 B-1, 2 x 1475 PS
Spannweite	16,25 m
Länge	12,07 m
Höhe	4,18 m
Fluggewicht	9390 kg
Höchstgeschwindigkeit	525 km/h
Reichweite	900 km
Gipfelhöhe	8000 m
Gipfelhöhe mit GM 1*	11 000 m
Bewaffnung	4 MG 17 (7,9 mm) und 2 MG 151/20 (20 mm)
Zusatzbewaffnung	2 MK 101(30 mm) oder MG 151/20, auch als Schrägbewaffnung
Funkausrüstung	FuG 202, 212, 218 oder 220

* sauerstoffhaltiges Zusatzmittel für kurzfristige Leistungssteigerung

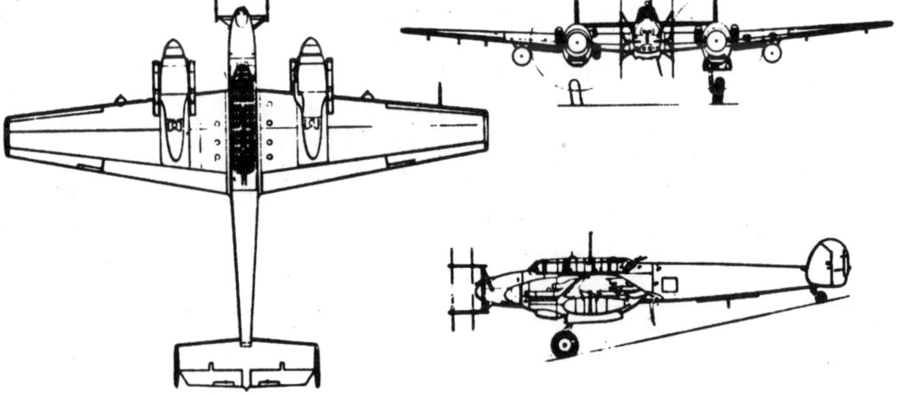

Messerschmitt Me 109 F

Die Me (Bf) 109 war zwar das berühmteste, aber gewiss nicht das beste deutsche Jagdflugzeug des II. Weltkrieges. Es wurde in Serie gebaut, obwohl man seine Schwächen schon 1936 kannte, mit zahlreichen Verbesserungen bedacht, die sich meistens nachteilig auf die Flugeigenschaften auswirkten, und blieb bis Kriegsende der Standard-Jäger der Luftwaffe – an deren Untergang er schließlich nicht unmaßgeblich beteiligt war. Als größtes Handikap beklagten seine Piloten die geringe Reichweite, von seinem halsbrecherischen Startverhalten – der geringen Spurweite wegen – ganz abgesehen. Trotzdem wurden zwischen 1939 und 1945 27 908 „Messerschmitts" gebaut, 1944, im Jahr der verheerenden Bombenangriffe auf Deutschland, sogar 13 786 und 1945 noch 2969. Obwohl von Fachleuten schon 1941 als veraltet angesehen, errangen deutsche Jäger-Asse mit dieser Maschine beispiellose Erfolge. Nach Mölders, Galland, Barkhorn (insgesamt 301 Luftsiege) und Hans Joachim Marseille beispielsweise auch der im November 1988 verstorbene Brillantenträger Oberst Hermann Graf. Er hatte schließlich mit Me 109 der Muster E, F und G als erster Jäger 200 Abschüsse erzielt und später als Kommodore des JG 11 auch nie eine FW 190 bestiegen.
Dutzende von sowjetischen Jägern wurden von ihm mit der Me 109 F – „Fritz" genannt – vernichtet, Nachfolgerin der „Emil" (Baureihe E), die ab 1940 entwickelt und im Frühjahr 1941 mit den Versionen F-1 und F-2 an die Frontverbände geliefert wurde. Die Maschine hatte abgerundete Tragflächenspitzen, besaß eine Motorkanone (in der F-4, ab 1942 bei der Truppe, MG 151/20 = 20 mm) und wurde von einem DB 601-E-Motor mit 1350 PS angetrieben. Als Zusatzbewaffnung erhielt die Me 109 F-4/R 6 zwei MG 151/20 in Flügelgondeln, die naturgemäß Beweglichkeit und Geschwindigkeit beeinträchtigten. Weitere Veränderungen folgten, und bis Kriegsende war man nach der „Fritz" bei der Baureihe Z angelangt.

Technische Daten
(Me 109 F-4)

Spannweite	9,92 m
Länge	8,94 m
Höhe	2,60 m
Fluggewicht	2980 kg
Höchstgeschwindigkeit	635 km/h
Landegeschwindigkeit	130 km/h
Gipfelhöhe	11 600 m
Bewaffnung	1 MG 151/20, 2 MG 17
Besatzung	1 Mann

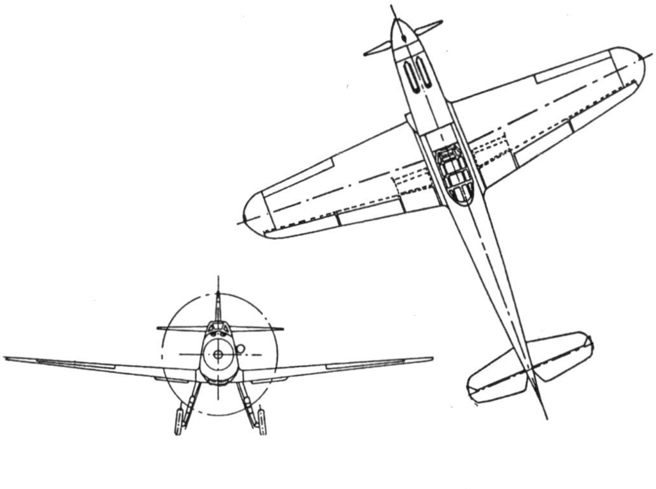

Messerschmitt Me 163

Die Me 163, „Komet" – auch „Kraftei" genannt –, war der erste einsatzfähige Raketenjäger der Welt. Von Prof. A. Lippisch entworfen, konnten die ersten Zellen für Hochgeschwindigkeitsflüge schon im Jahre 1941 erprobt werden. Flugkapitän Heini Dittmar testete die Prototypen zunächst noch als triebwerklose Gleiter. Später erreichte er beim vierten Flug mit einem Walter-Raketenmotor am 2. 10. 1941 eine Weltrekordgeschwindigkeit von 1002 Stundenkilometern. Nach diesen guten Ergebnissen wurde im Dezember 1941 mit der Umkonstruktion der Maschine zur Einsatzversion begonnen. Der erste Prototyp der B-Reihe wurde im Mai 1942 fertiggestellt. Im weiteren Verlauf des Krieges wurden 364 Raketenjäger Me 163 an die Luftwaffe geliefert. Im Spätherbst 1944 wurde die erste Fronterprobungsgruppe in Brandis bei Leipzig unter Major Späte damit ausgerüstet, außerdem eine andere Gruppe in Stargard. Ihre Aufgabe war der Schutz der nahe gelegenen Hydrierwerke. Verständlicherweise riefen die pfeilschnell dahinjagenden Flugzeuge bei den alliierten Bomberpiloten entsprechende Reaktionen hervor. Die Männer jedoch, die das „Kraftei" flogen, zahlten beim Einsatz und bei der Erprobung dieses revolutionären Flugzeugtyps, der von hochexplosiven Treibstoffen wie ein Projektil in den Himmel hineingeschleudert wurde, einen hohen Tribut. Viele von ihnen fielen den bei der Landung immer möglichen Explosionen von Treibstoffresten zum Opfer, erlitten fürchterliche Verbrennungen oder fanden den Tod. Im allgemeinen aber waren die Me 163 eine deutsche Pioniertat auf dem Weg ins Zeitalter des Raketenflugs und sozusagen die Vorgänger der späteren amerikanischen X-15-Raketenflugzeuge, die mit 6,4 (rund 7000 km/h) Mach den absoluten Geschwindigkeits-Weltrekord erreichten.

Technische Daten

Verwendungszweck	Raketenjäger
Spannweite	9,78 m
Länge	6,70 m
Höhe	2,98 m
Besatzung	ein Pilot
Triebwerk	ein BMW-109-509-A-2-Raketentriebwerk mit 1700 kgp
Gewicht	5120 kg
Geschwindigkeit	945 km/h in 4000 m
Steigzeit auf 10 000 m	rd. 180 Sekunden
Landegeschwindigkeit	170 km/h
Reichweite	140 km
Gipfelhöhe	16 000 m

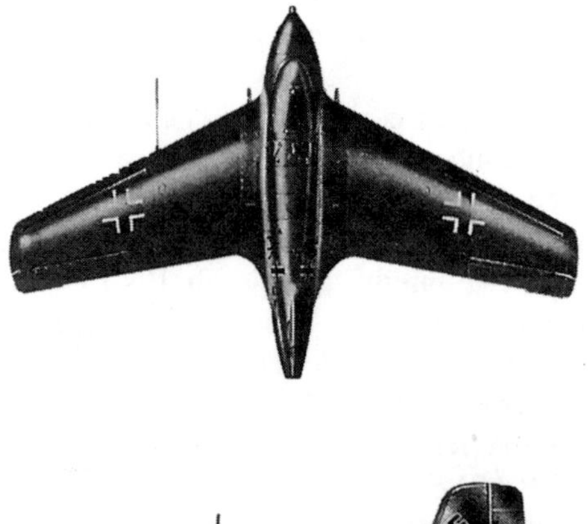

Messerschmitt Me 262

Die Me 262, von dem in der R. A. F. kämpfenden französischen Jagdflieger Pierre Clostermann als „Königin der Luft“ bezeichnet, von Hitler verkannt und als Schnellbomber missbraucht, war das erste einsatzfähige Düsenjagdflugzeug der Welt. Schon bei den ersten Probeflügen waren damalige deutsche Fliegerasse wie General Galland („Es ist, als ob ein Engel schiebt“), Hauptmann Späte, Oberst Steinhoff u. a. m. von diesem Flugzeug hell begeistert. Dies war schon im Jahre 1943 der Fall, als der Luftkrieg über Deutschland erst in seinen Anfängen stand. Reichsmarschall Göring, dem die Me 262 im Juli 1943 vorgeflogen wurde, war ebenfalls des Lobes voll. Bei Hitler war das nach einer Vorführung auf dem Flugplatz Insterburg auch der Fall. Doch mit seiner anschließenden Frage an Prof. Messerschmitt, ob dieses Flugzeug auch Bomben tragen könnte, war das Urteil über die „Sturmvögel“ und „Schwalben“ bereits gefällt. Der Führer bestimmte in einem geharnischten Erlass, fortan von der Me 262 nur noch als „Blitzbomber“ zu sprechen. Es ist müßig, nachträglich zu überlegen, ob durch den Einsatz der Me 262 der Luftkrieg über Deutschland eine andere Wendung genommen hätte. Fest steht jedoch, dass der damalige Oberkommandierende der 8. amerikanischen Luftflotte, General Spaatz, in einer Meldung nach Washington von der „tödlichen Gefahr der deutschen Düsenjäger“ sprach, nachdem durch den – praktisch in letzter Stunde – doch noch erfolgten Jäger-Einsatz der Me 262 (Jagdkommando Nowotny, Oberst Steinhoffs JG 7 und JV 44) im Kampf gegen „Fliegende Festungen“ imposante Erfolge erzielt worden waren. Diese Schöpfung des Flugzeugkonstrukteurs Willy Messerschmitt, von Flugkapitän Fritz Wendel eingeflogen, wurde nach dem Krieg eine Augenweide für alliierte Flieger. Von der Me 262 wurden rund 1500 Maschinen gebaut.

Technische Daten

Spannweite	12,51 m
Länge	10,60 m
Höhe	3,85 m
Höchstgewicht	6925 kg
Besatzung	ein Pilot
Triebwerke	zwei Jumo-004-B-2-Turbinen mit je 900 kp
Rollstrecke	1300 m
Höchstgeschwindigkeit	870 km/h in 6000 m
Flugzeit auf 9000 m	13,2 min.
Reichweite	1050 km
Gipfelhöhe	11 450 m
Gesamtflugzeit	50–90 Minuten
Bewaffnung	vier MK 108, 30 mm, oder 24 R-4-M-Raketen, Kaliber 5,5 cm

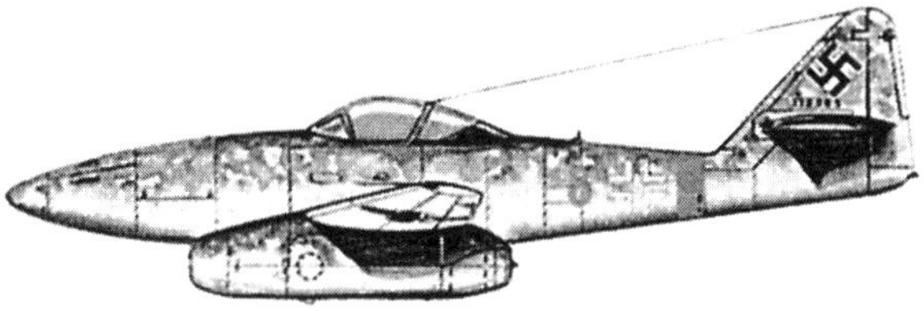

Überschalljäger Lippisch DM-1

Eines der zukunftweisenden Flugzeugprojekte von Alexander M. Lippisch war der spätere DM-1 genannte Versuchsgleiter, der eine Serie von Jagdflugzeugen mit Überschallgeschwindigkeiten begründen sollte. Er ging auf Lippischs Konstruktion 13a zurück, die Variante einer „schwanzlosen" Nurflügelmaschine mit einem Staustrahltriebwerk, das mit einer Mischung aus Kohlegranulat und Schweröl in Funktion gebracht werden sollte. Es handelte sich bei diesem freitragenden Deltaflügel um die Vorstufe eines geplanten Überschalljägers mit einer Pfeilung von 60 Grad und dem Pilotensitz in der Seitenflosse. Nach erfolgten Erprobungen ab Mai 1944 wurde das 13a-Modell dann in DM-1 (D = Darmstadt und M = München, die beiden Plätze der Herstellung) umbenannt und nach Ausbombung der Darmstädter FFG von der flugtechnischen Fachgruppe (FFG = Akademische Fliegergruppen „Akaflieg") München fertiggestellt. Das antriebslose Fluggerät sollte mit einer zweimotorigen „Siebel 204" im Huckepackschlepp auf Höhe gebracht und dann ausgeklinkt werden. Versuche dieser Art fanden aber nicht mehr statt. Der für die Abwehr der alliierten Bomber vorgesehene Überschalljäger DM-1 teilte allerdings nicht das Schicksal vieler seiner Artgenossen, sondern wurde nach Kriegsende unter Aufsicht amerikanischer Experten weitergebaut, nach den USA gebracht und dort ausgiebig getestet. 1948 fand Lippischs Delta-Idee in der beim Convair-Werk hergestellten XF-92 dann ihre Verwirklichung – und diese Überschallmaschine flog!

Technische Daten:

Spannweite	6 m
Länge	6,32 m
Höhe	3,25 m
Besatzung	1 Pilot
Errechnete Höchstgeschwindigkeit	1600 km/h (P 13a)
Leergewicht	375 kg
Fluggewicht	460 kg
Vorgesehene Bewaffnung	3-cm-Kanonen MK 108

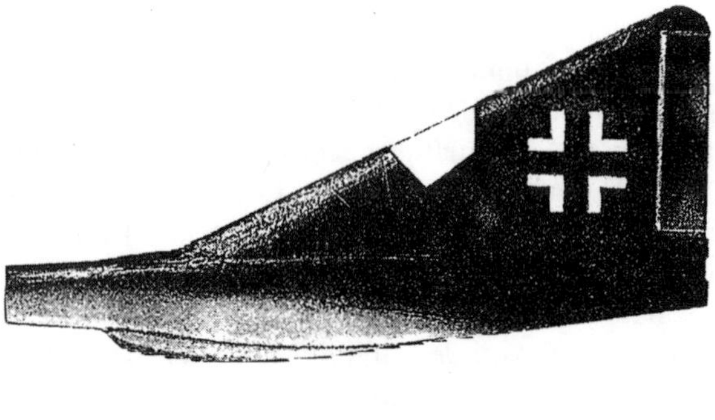

Bristol „Beaufigther“

Diese zweimotorige Maschine, in gewissem Sinne ein Pendant zum deutschen Zerstörer und Nachtjäger Me 110, war für deutsche Kampfflieger und U-Boot-Besatzungen, aber auch bei allen anderen Verwendungsarten ein äußerst gefährlicher Gegner. Der Prototyp startete erstmals am 17. Juli 1939, und 1940 kamen die ersten Flugzeuge der Serie Mk. I F zur britischen Luftwaffe. Sie wurden beim Fighter Command (Jägerkommando) als Nachtjäger eingesetzt und konnten mit ihren rund 10 Bordwaffen eine verheerende Beschusswirkung erzielen. Vier Kanonen und sechs MG hatten eine Feuergeschwindigkeit von 9600 Schuss pro Minute. „Beaufighters“ waren auch beim britischen Küstenkommando und 1943 im Pazifik eingesetzt, wo die Maschine von den Japanern „Flüsternder Tod“ genannt wurde. Spätere Versionen, mit den stärkeren „Hercules“-Motoren ausgestattet, fanden auch als Torpedoflugzeuge Verwendung. Insgesamt wurden von diesem Typ, der übrigens den letzten Weltkrieg-II-Einsatzflug in Europa durchgeführt hatte, 5962 Maschinen gebaut.

Technische Daten

(Mk. X)

Spannweite	17,65 m
Länge	12,70 m
Höhe	4,82 m
Besatzung	2 Mann
Triebwerke	2 Bristol „Hercules“-Motoren, Doppelstern, je 1770 PS
Fluggewicht	11 540 kg
Höchstgeschwindigkeit	512 km/h in 3000 m Höhe
Gipfelhöhe	5800 m
Reichweite (maximal)	2350 km
Bewaffnung	4 Kanonen, 20 mm, 10–11 MG, 7,6 mm, 1 Torpedo von 750 oder 1250 kg, 8 Raketengeschosse, rd. 500 kg Bomben

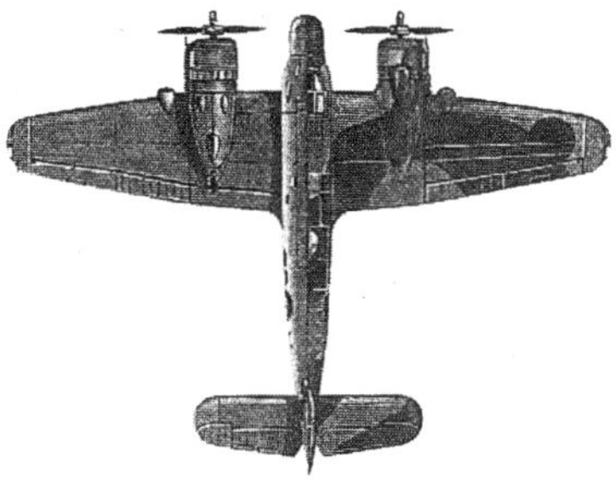

Bristol „Blenheim“

1935 ließ Lord Rothermere als Antwort auf die amerikanischen und deutschen Schnellflugzeuge auf seine Kosten ein schnelles zweimotoriges Flugzeug bauen, das er auf den Namen „Britain First“ taufte und dem britischen Volk schenkte. Er wollte damit der konservativen Doppeldeckerbauweise der englischen Flugzeugindustrie ein Ende bereiten. Daraus entstanden dann die Bomber-Aufklärer Bristol „Blenheim“ I, von denen die ersten 1937 ausgeliefert wurden. Diese „kurznasigen Blenheims“ I wurden nun durch Einbau von vier starren Browning-MG in einer Wanne unter dem Rumpf in Langstrecken- und Nachtjäger umgewandelt. Eine „Blenheim“ IV der 139. Squadron war die erste Maschine der Royal Air Force, die am 3. September 1939 die deutschen Grenzen überflog. Sie brachte die Aufnahmen der deutschen Flotteneinheiten und des Hafens von Wilhelmshaven nach England. Die „Blenheims“ I F (F = Fighter) führten am 29. November 1939 ihren ersten Einsatz gegen den deutschen Seefliegerhorst Borkum durch. Maschinen dieses Typs flogen in verschiedenen Versionen auf allen Kriegsschauplätzen bis 1945, einige auch bei der finnischen Luftwaffe gegen die Sowjets.

Technische Daten

	„Blenheim“ I	„Blenheim“ IV
Triebwerk		
(Bristol Mercury)	VIII	XV
Leistung	840 PS	840 PS
Besatzung	3 Mann	3 Mann
Bewaffnung	7 MG	3 MG
Bombenlast	200 kg	453 kg (oder Kameras)
Spannweite	16,90 m	16,90 m
Länge	11,93 m	12,83 m
Höhe	2,95 m	2,95 m
Fluggewicht	5662 kg	6523 kg
Höchstgeschwindigkeit	417 km/h	424 km/h
Reichweite	1750 km	3000 km
Gipfelhöhe	8500 m	8100 m

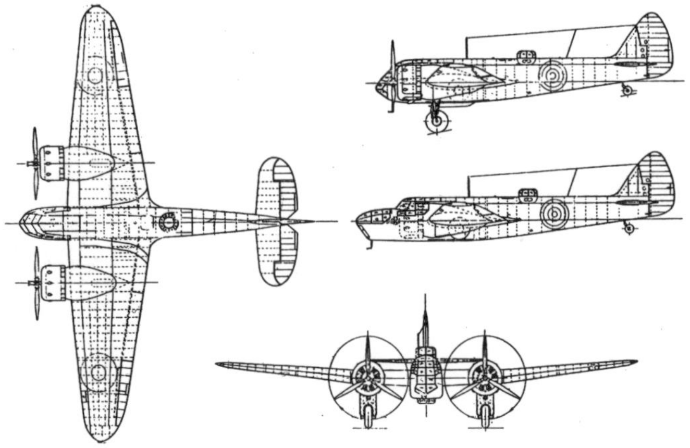

De Havilland „Mosquito“ IV

Im Frühjahr 1943 tauchten die ersten Flugzeuge dieses Typs, einzeln fliegend, über dem deutschen Reichsgebiet auf. Da man aus der Art ihres Auftretens auf Fernaufklärer schließen musste, versuchten Jäger, diese Maschinen zu stellen. Es zeigte sich aber, dass kein deutsches Jagdflugzeug in der Lage war, sie anzugreifen. Ihre Geschwindigkeit war so hoch, daß die „Mosquito“-Aufklärer ohne jede Bewaffnung über Deutschland operieren konnten. Die Überlegenheit dieses Baumusters veranlasste die US-Luftwaffe, die Engländer um Überlassung einiger Maschinen zu bitten, was dann auch geschah. Die „Mosquito“-Aufklärer waren bis zum Ende des II. Weltkriegs im Einsatz. Verluste traten nur sehr selten ein. Die an sich schon große Reichweite dieser „Mosquito“, die zur normalen Tankanlage über drei zusätzliche Treibstoffbehälter im eigentlichen Bombenraum verfügte, konnte durch zwei weitere abwerfbare 225-Liter-Behälter unter den Tragflächen noch vergrößert werden.

Technische Daten

Besatzung	2 Mann
Triebwerk	Rolls-Royce Merlin XXI, 2 x 1480 PS
Spannweite	16,51 m
Länge	12,34 m
Höhe	3,81 m
Fluggewicht	8413 kg
Höchstgeschwindigkeit	612 km/h
Gipfelhöhe	10 944 m
Reichweite	3200 km

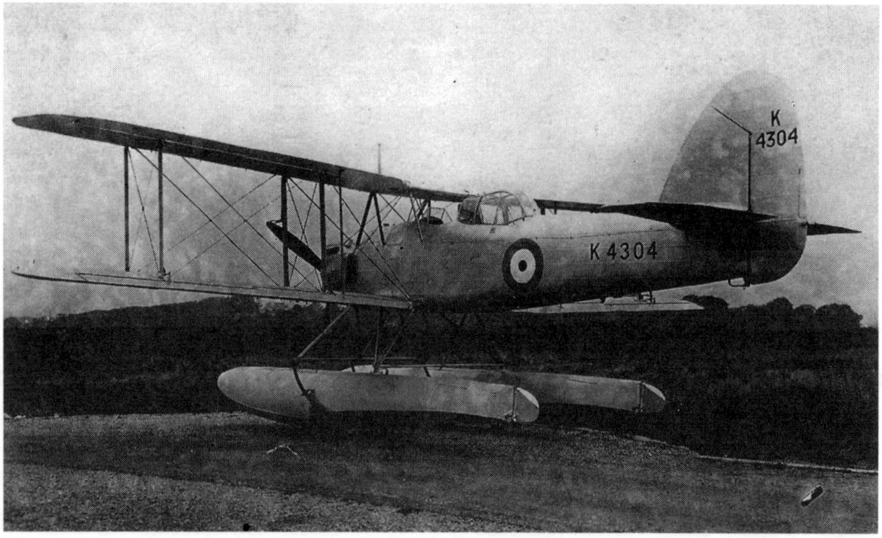

Fairey „Seafox“

Die Firma Fairey Aviation hatte See-Aufklärungsflugzeuge für die englische Fleet Air Arm (Marineluftwaffe) bereits seit 1916 gebaut. Die „Seafox“ war eine Weiterentwicklung der bewährten Typen III D, III F und „Seal“ der dreißiger Jahre und der letzte leichte Bordaufklärer der Royal Navy (brit. Marine). Es wurden insgesamt 64 Stück gebaut, von denen die letzten noch 1943 im Einsatz waren. Das Flugzeug wurde aufgrund der Ausschreibung S. 11/32 des Air Ministry entwickelt und startete 1936 zum Erstflug. 1937 begann der Serienbau, und bereits 1938 waren „Seafoxes“ an Bord mehrerer Schlachtschiffe und Kreuzer stationiert. Erst 1942 wurde die „Seafox“ allmählich durch amerikanische Typen wie Curtiss „Seamew“ und Vought-Sikorski „Kingfisher“ ersetzt. Im übrigen war die „Seafox“ das erste Flugzeug der englischen Marine, das 1939 an einer kriegerischen Unternehmung erfolgreich teilnahm. Zwei „Seafoxes“ des englischen Kreuzers „Exeter“ entdeckten das deutsche Panzerschiff „Admiral Graf Spee“ und überwachten seinen Kurs. Hierdurch kam es zum Seegefecht am La Plata, nach dessen Beendigung Kapitän Langsdorf sich gezwungen sah, sein Schiff sprengen zu lassen und seinem Leben freiwillig ein Ende zu setzen.

Technische Daten

Besatzung	2 Mann
Triebwerk	Napier „Rapier VI“, 395 PS
Bewaffnung	1 Vickers-MG, Type „K“
Spannweite	12,19 m
Länge	10,80 m
Höhe	3,68 m
Fluggewicht	2459 kg
Höchstgeschwindigkeit	200 km/h
Marschgeschwindigkeit	170 km/h
Reichweite	708 km
Gipfelhöhe	3350 m

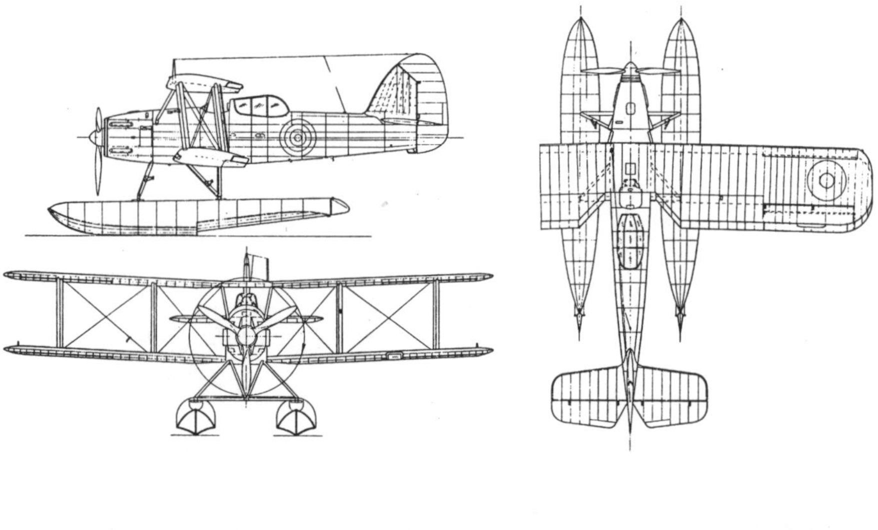

Gloster „Gladiator“

Im Jahre 1934 wurde der Prototyp F.7/30 als Ersatz für die veralteten britischen Jagdflugzeuge Bristol „Bulldog“ und Gloster „Gauntlet“ als neuer Standardjäger in Serienfertigung gegeben, aber erst 1937 kam der neue Jäger unter der Bezeichnung „Gladiator“ F.Mk.I zu den Jagdverbänden der Royal Air Force. Obwohl bei Kriegsausbruch 1939 bereits veraltet, waren noch einige Staffeln der Auxiliary Air Force mit diesem Doppeldecker ausgerüstet. Während der Luftschlacht um England sollten die „Gladiators“ aber noch eine große Rolle spielen. Die Squadrons Nr. 247, 607 und 615 wurden von Air Vice Marshal Keith Park auf dem Höhepunkt der Schlacht als Reserve in den Kampf geworfen. Noch 1941, als der Kampf ums Mittelmeer begann, spielten drei „Gladiators“ eine wesentliche Rolle. Sie bildeten, auf die Namen „Hope“, „Faith“ und „Charity“ getauft, die Jagdverteidigung von Malta. Nachdem einer von ihnen schwer beschädigt worden war, dienten seine Ersatzteile immer wieder zur Reparatur der beiden anderen. Eine dieser drei Maschinen existiert noch heute. Eine weitere wurde nach dem Krieg wiederholt auf der Flugschau in Farnborough vorgeflogen. Insgesamt sind 448 „Gladiators“ gebaut worden.

Technische Daten

Triebwerk	Bristol „Mercury IX“, 840 PS
Bewaffnung	4 MG
Spannweite	9,83 m
Länge	8,36 m
Höhe	3,15 m
Leergewicht	1577 kg
Fluggewicht	2155 kg
Höchstgeschwindigkeit	407 km/h
Marschgeschwindigkeit	341 km/h
Reichweite	660 km
Gipfelhöhe	10 000 m

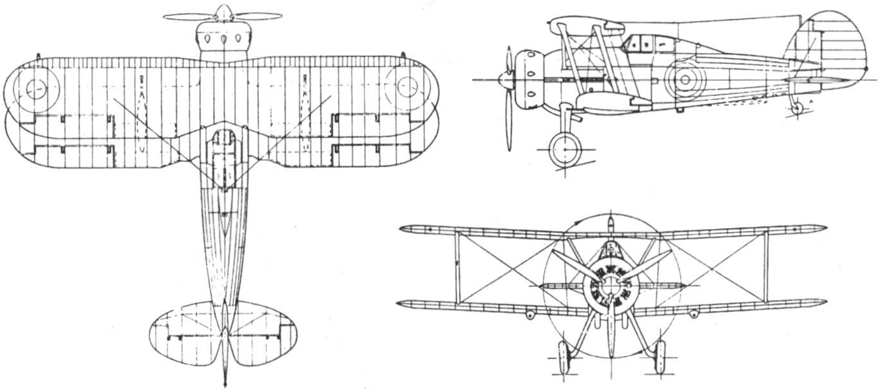

Handley Page „Halifax“ B. Mk. III

Obwohl die ersten Maschinen dieser Version bereits im Herbst 1943 zu den Verbänden kamen, wurden Einzelheiten des Baumusters erst im Februar 1944 bekannt. Hauptunterschied zu den vorhergegangenen Ausführungen war der Einbau luftgekühlter Sternmotoren an Stelle der bisher verwendeten wassergekühlten Reihentriebwerke von Rolls-Royce. Neben der Avro „Lancaster“ war die „Halifax“ der meistgebaute Bomber der Royal Air Force, der an allen Angriffen des Bomber Command auf Deutschland teilgenommen hat. Nur eine geringe Anzahl der Maschinen ist auf außereuropäischen Kriegsschauplätzen eingesetzt gewesen. Bei Kriegsende wurde bekannt gegeben, dass die „Halifax“-Fertigung durch Handley Page und Linzenzfirmen 40 Prozent der gesamten englischen Bomberproduktion ausgemacht habe. Allerdings sind die letzten Serien des Musters auch als Transporter eingesetzt worden. Im Rahmen der alliierten Bomberverbände waren auch kanadische, französische und polnische Staffeln mit der Maschine ausgerüstet worden.

Technische Daten

Besatzung	7 Mann
Triebwerke	Bristol „Hercules“ XVI, 4 x 1615 PS
Spannweite	31,75 m
Länge	21,82 m
Höhe	6,33 m
Fluggewicht	24 676 kg
Höchstgeschwindigkeit	454 km/h
Reichweite	1658 km
Gipfelhöhe	7315 m
Bewaffnung	9 MG, 7,62 mm
Bombenlast	5897 kg

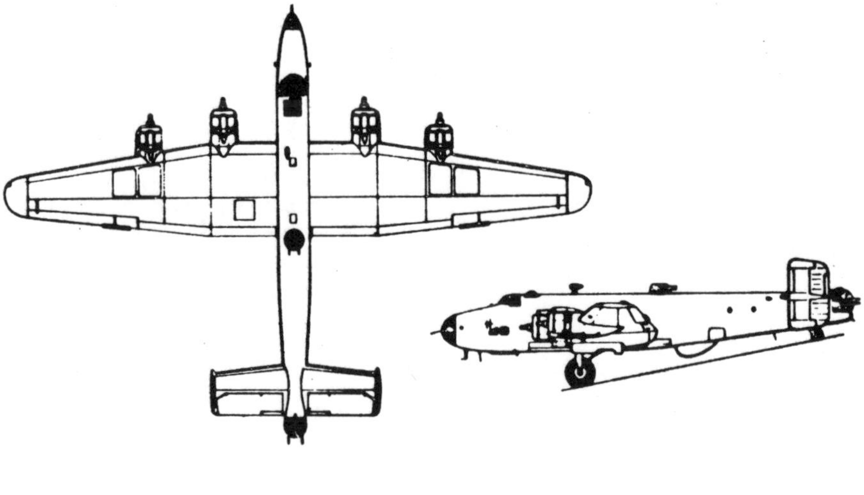

Hawker „Hurricane“

Die „Hurricane“, schon 1940 in der Luftschlacht um England und später an fast allen Fronten des II. Weltkrieges eingesetzt, wurde von Sir Sidney Camm konstruiert. Entwicklungstechnisch ging sie zwar auf den Doppeldecker „Fury“ zurück, stellte dann aber doch eine Neukonstruktion mit einziehbarem Fahrwerk dar und wurde schließlich der erste Eindecker von Hawker. Der Prototyp kam bereits 1935 zum Erstflug, und 1937 wurden die ersten Maschinen an die Squadron 111 geliefert. „Hurricanes“ der ersten Baureihen kamen bereits 1940 im Westen zum Einsatz. Ihr Erfolg war nicht so bedeutsam wie ein Jahr später während der „battle of Britain“. Im weiteren Kriegsverlauf tauchten „Hurricanes“ im Mittleren Osten, im Mittelmeerraum, über Afrika und vielen anderen Kampfstätten auf. Nach 1942 wurden sie hauptsächlich als Jagdbomber verwendet, und ihre Bewaffnung differierte – je nach Muster – zwischen acht und 12 MG in den Tragflächen. Verschiedene Muster waren auch mit Kanonen ausgerüstet. Für die maritime Kampfführung entstand die „Sea Hurricane“, ein katapultfähiges Flugzeug, das auch auf Begleitschiffen für Geleitzüge nach der Sowjetunion stationiert war. Insgesamt wurden 14 533 „Hurricanes“ in zahlreichen Varianten hergestellt, von denen rd. 3000 der sowjetischen Luftflotte zur Verfügung gestellt worden waren.

Technische Daten

(Typ II C)

Länge	9,80 m
Spannweite	12,19 m
Höhe	3,99 m
Besatzung	1 Pilot
Einsatzgewicht	3400 kg
Triebwerk	Rolls-Royce Merlin XX, 1300 PS
Höchstgeschwindigkeit	529 km/h in 5400 m
Gipfelhöhe	10 851 m
Reichweite	740 km
Bewaffnung	zwei 20-mm-Kanonen in jedem Flügel

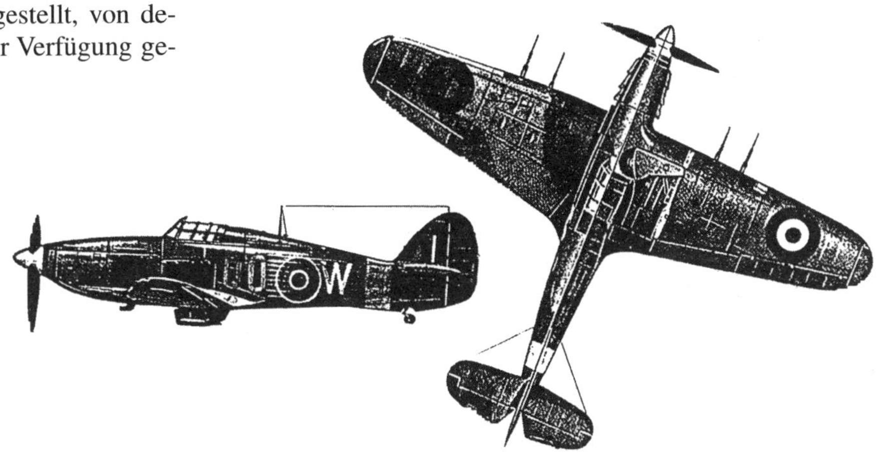

Hawker „Tempest“ II

Diese als Jagdbomber und Jagdflugzeug verwendete Maschine, ursprünglich „Typhoon“ II genannt, war um 1944 – vor allem während der Invasionsschlachten – einer der gefürchtetsten Gegner der deutschen Erdkampftruppen und der Panzereinheiten. Sie entstand als Nachfolgerin des o. a. Typs, stellte jedoch praktisch eine Neukonstruktion dar. Die „Tempest“ besaß neuartige dünnprofilige Tragflächen, die eine höhere Geschwindigkeit ermöglichten. Der Erstflug eines Prototyps fand am 2. September 1942 statt. Es entstanden Nachfolgemuster, aber erst die Mark V kamen im April 1944 – also etwa zwei Monate vor der alliierten Invasion in Nordfrankreich – bei den Squadrons 3 und 489 der Royal Air Force (brit. Luftwaffe) zum Einsatz. Die von diesen damals hochmodernen Flugzeugen getragenen Bomben und Raketen wurden vielen deutschen „Panther“-, „Tiger“- und „Königstiger“-Panzern zum Verhängnis, darunter besonders solchen der Panzer-Lehrdivision. „Tempests“ erzielten auch bei der Abwehr deutscher V-1-Flugbomben große Erfolge; rund ein Drittel aller Abschüsse dieser gegen England gestarteten „Vergeltungswaffen“ ging auf ihr Konto. Es entstand noch eine Baureihe Mk. VI, die „Tempest“ II mit Bristol-Centaurus-V- oder -VI-Sternmotoren von 2520 PS, von der 472 Stück hergestellt wurden. Zwischen 1943 und 1945 waren rd. 1400 „Tempests“ der verschiedenen Varianten gebaut worden. Bei der RAF wurden diese Maschinen 1951, in Indien und Pakistan noch 1953 geflogen.

Technische Daten

(Mk. V, Serie I)

Hersteller	Hawker Aircraft Co. Ltd.
Triebwerk	Napier Sabre II, flüssigkeitsgekühlter 24-Zylinder-Reihenmotor von 2180 PS
Spannweite	12,50 m
Länge	10,26 m
Höhe	4,90 m
Startgewicht	5210 kg
Höchstgeschwindigkeit	rd. 700 km/h
Gipfelhöhe	rd. 11 000 m
Reichweite	1190–2500 km
Bewaffnung	4 x 20-mm-Kanonen in den Tragflächen
Bombenlast	rd. 900 kg (450-kg-Bomben und 27-kg-Raketen sowie andere Waffen)

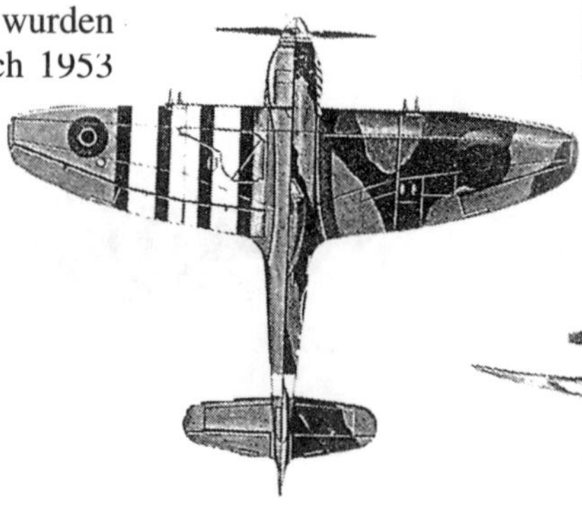

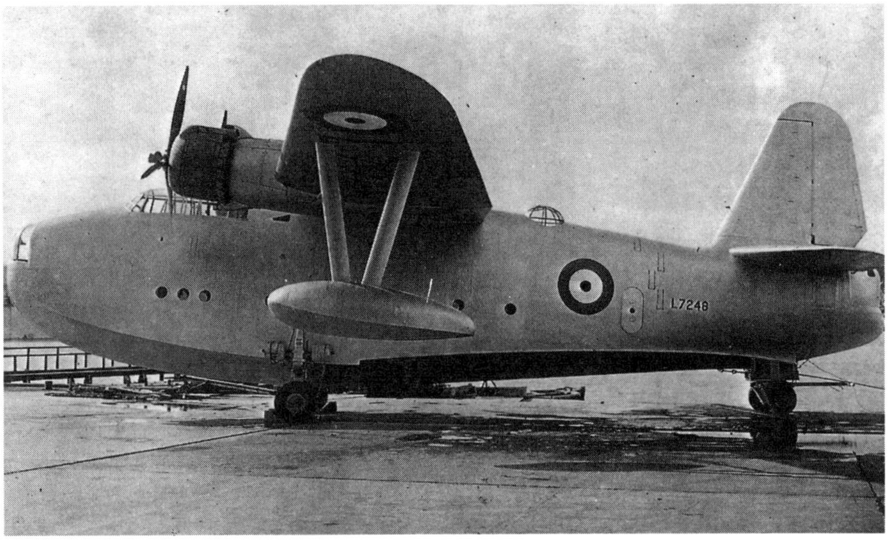

Saunders-Roe „Lerwick“

Dieses Flugboot für Küstenpatrouillen und Fernaufklärung ist neben den „Sunderland“- und „Catalina“-Flugbooten des Coastal Command (Küstenkommando) der Royal Air Force (brit. Luftwaffe) nie recht bekannt geworden. Nach den „London“-Flugbooten, die noch als Doppeldecker gebaut waren, war die „Lerwick“ der erste Eindeckerentwurf von Saunders-Roe Ltd, deren Werft sich in East Cowes auf der Insel Wight befand. Die ersten „Lerwicks“ wurden im September 1939 in Dienst gestellt. Im Laufe des Jahres 1940 wurden dann mehrere Staffeln mit diesem Muster ausgerüstet. Der Typ wurde niemals in offiziellen Kriegsberichten erwähnt, so dass vermutlich nur wenige dieser Boote gebaut worden sind. Tatsache ist aber, dass einige Dutzende „Lerwicks“ über allen Gewässern um England im Einsatz waren. Sie haben bei der U-Boot-Bekämpfung recht gute Dienste geleistet und waren zumindest 1943 noch im Frontdienst.

Technische Daten:

Besatzung	5–9 Mann
Bewaffnung	5–7 MG in drei Drehtürmen (Bug, Reck und Rumpfrücken); Wasserbomben zur U-Boot-Bekämpfung
Triebwerk	Bristol „Hercules II“, 2 x 1375 PS
Dauerleistung	2 x 1150 PS
Spannweite	24,69 m
Länge	19,20 m
Höhe	6,20 m
Höchstgeschwindigkeit	360 km/h
Reichweite	2500 km

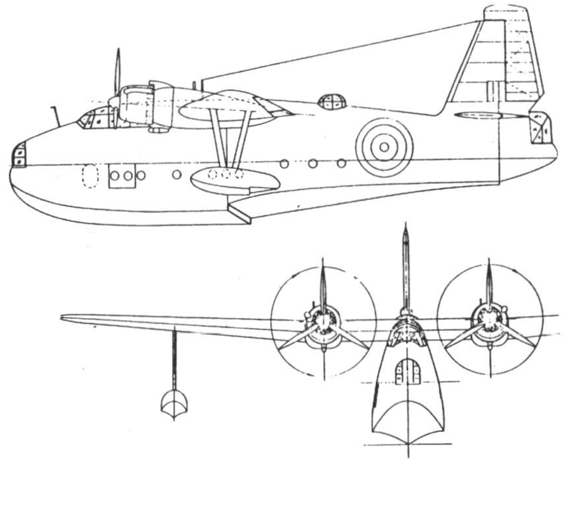

Short „Sunderland“

Dieses monströse Luftfahrzeug mit seinem enormen Aktionsradius war im Verlauf des II. Weltkrieges auf den Meeren der Welt vielen deutschen U-Booten zum Verhängnis geworden. Die viermotorige Maschine, wegen ihrer starken Abwehrbewaffnung deutscherseits auch „fliegendes Stachelschwein“ genannt, war ein Nachfolgemuster ziviler britischer Flugboote. Sie wurde in der Firma Short Brothers Ltd. ab 1934 konstruiert, und am 16. Oktober 1937 startete der Prototyp zum Erstflug. Die „Sunderland“ war für die Sicherung von Geleitzügen, die Überwachung des Seeraumes und zur Bekämpfung feindlicher U-Boote eingesetzt worden – Aufgaben, die sie mit großem Erfolg erfüllen sollte. Flugzeuge dieses Typs, von denen es fünf Varianten gab – Mark I bis Mark V – flogen vom ersten bis zum letzten Kriegstag unzählige Einsätze, und erst im Jahre 1959 ging ihre Zeit zu Ende. Jede neue Version war mit leistungsfähigeren Triebwerken und stärkerer Bewaffnung ausgestattet. Bis 1945 waren 741 dieser Großflugboote gefertigt worden.

Technische Daten

Spannweite	34,35 m
Länge	26 m
Höhe	10,00 m
Triebwerke	4 luftgekühlte Bristol Pegasus-Sternmotoren, Neunzylinder, mit je 1010 PS (Mark V Pratt & Whitney-Sternmotoren)
Startgewicht	22 700 kg
Höchstgeschwindigkeit	338 km/h in 2000 m
Gipfelhöhe	5500 m
Reichweite	4800 Kilometer
Bewaffnung	sieben Maschinengewehre, rd. 1000 kg Bomben
Besatzung	13 Mann

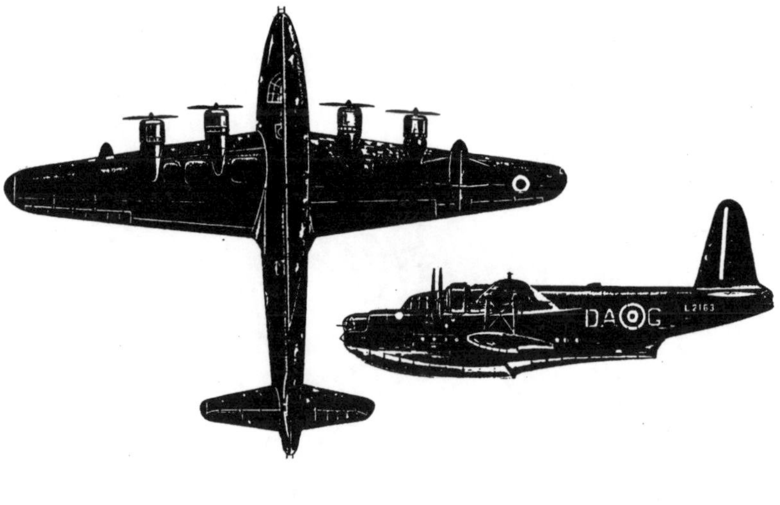

Supermarine „Sea Otter“

Obwohl dieses Amphibien-Flugboot bereits 1940 flog, wurde seine Existenz erst 1944 bekannt. Es war übrigens das einzige Doppeldecker-Flugzeug, das nach Kriegsausbruch 1939 in der Royal Air Force (brit. Luftwaffe) eingesetzt wurde. Zusammen mit seiner Vorgängerin, der Supermarine „Walrus“, den Träger-Torpedoflugzeugen Fairey „Swordfish“ und „Albacore“ gehörte es zu den wenigen Doppeldeckern, die während des ganzen Zweiten Weltkriegs im Dienst waren. Der Hauptunterschied zu „Walrus“ bestand darin, daß die „Sea Otter“ einen Motor mit Zugschraube hatte. Dieses Amphibium war auch bedeutend leistungsfähiger als seine Artverwandten. Bei Seenoteinsätzen hatte die „Walrus“ es nämlich oft nicht geschafft, die ihr zugemutete Last in die Luft zu bringen. Während die „Sea Otter“ 1940/41 noch als Patrouillen- und Nahaufklärungsamphibium verwendet wurde, hatte sie sich danach nur noch als Seenotflugzeug gut bewährt. Als solches war sie auf fast allen Kriegsschauplätzen im Einsatz gewesen.

Technische Daten

Besatzung	3–4 Mann
Bewaffnung	3 bewegliche Vickers-„K“-MG und kleine Wasserbomben
Triebwerk	Bristol „Mercury 30“/870 PS
Spannweite	13,90 m
Länge	12,00 m
Fluggewicht	4545 kg
Höchstgeschwindigkeit	262 km/h
Gipfelhöhe	6000 m
Reichweite	1000 km

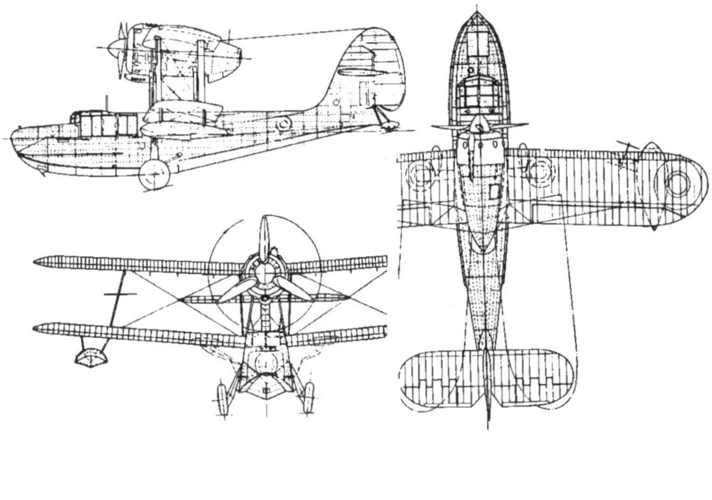

Supermarine „Spitfire“

Die „Spitfires“, deren Versionen bis zum Muster Mk. XXII im Jahre 1945 reichten, gehörten mit zu den bekanntesten Jagdflugzeugen des II. Weltkrieges. Entwickelt wurde die legendenumwobene Maschine, die am Ausgang der „Schlacht um England“ großen Anteil hatte, von Reginald J. Mitchell, und gebaut wurde sie hauptsächlich von den Supermarine-Werken, die zum Vickers-Konzern gehörten. Der erste Prototyp der „Spit“ wurde im März 1936 auf dem Flugplatz Eastligh von dem Testpiloten J. „Mutt“ Summers eingeflogen. Dabei erreichte das Flugzeug eine Geschwindigkeit von 560 km/h. Ehe jedoch die Serienproduktion aufgenommen werden konnte, starb der Konstrukteur der „Spitfire“. Sein Nachfolger wurde J. Smith. Die Standardbewaffnung der Maschine bestand aus acht Browning-MG, später wurden auch 20-mm-Kanonen verwendet. Ihren ersten scharfen Einsatz flogen „Spitfire“-Piloten am 16. Oktober 1939, wobei es ihnen gelang, über dem Firth of Forth zwei He 111 abzuschießen. Zu Beginn der „Schlacht um England“ waren 19 Squadrons der R.A.F.* mit „Spitfires“ ausgerüstet. Sie hatten den deutschen Messerschmitt-Jägern gegenüber im Steigflug leichte Nachteile, waren im Kurvenkampf aber ebenbürtig, wenn nicht gar überlegen.
Während des Krieges wurden insgesamt 20 351 „Spitfires“ gebaut und an den verschiedensten Fronten zum Einsatz gebracht. Nach dem Ende der „Schlacht um England“ flogen sie über Afrika, Malta, im Fernen Osten, in Russland, über Frankreich und an vielen anderen Kriegsschauplätzen. Einer ihrer berühmtesten Piloten war der damalige Group Captain (Oberst) Johnny E. Johnson, der mit 38 Luftsiegen erfolgreichster Jäger der britischen Luftwaffe geworden war.

Technische Daten

Spannweite	11,24 m
Länge	9,13 m
Höhe	3,48 m
Fluggewicht	2865 kg
Motor	Rolls-Royce Merlin XII, 1175 PS
Bewaffnung	8 Browning-MG
Geschwindigkeit	573 km/h in 5200 m Höhe
Gipfelhöhe	11 300 m
Reichweite	800 km
Besatzung	1 Pilot

* königlich britische Luftwaffe

Supermarine „Walrus“

Dieses kleine Amphibium entstand 1933 aus dem Aufklärungsflugboot „Seagull“ und wurde ursprünglich als „Seagull V“ bezeichnet. Es war das erste katapultfähige britische Flugboot und wurde zunächst als Bord- und Küstenaufklärer verwendet. Nach Kriegsausbruch war es lange Zeit als Seenot- und Schulflugboot im Dienst. Es wurde an vielen Kriegsschauplätzen eingesetzt: über der Nordsee und Island, dem Mittelmeer, dem Roten Meer sowie dem Nord- und Südatlantik. Vor Kriegsausbruch waren die „Walrus“ Standard-Trainer bei der 753. und 754. (Training-)Squadron der britischen Marine-Luftwaffe, und zwar auf der Beobachter-Schule in Lee on Solent. Als Bordflugzeug fanden die „Walrus“-Flugboote in den ersten Kriegsjahren auf den verschiedensten Schiffen der britischen Marine und den bereits erwähnten Kriegsschauplätzen ihren Einsatz.

Technische Daten

Triebwerk	Bristol Pegasus VI
Leistung	680 PS
Besatzung	3 Mann
Bewaffnung	je 1 Vickers K-MG im Rumpfbug und im hinteren Bootsteil; leichte Bomben unter den Tragflächen
Spannweite	13,75 m
Länge	11,30 m
Höhe	4,60 m
Fluggewicht	3262 kg
Höchstgeschwindigkeit	216 km/h
Reichweite	960 km
Gipfelhöhe	5550 m

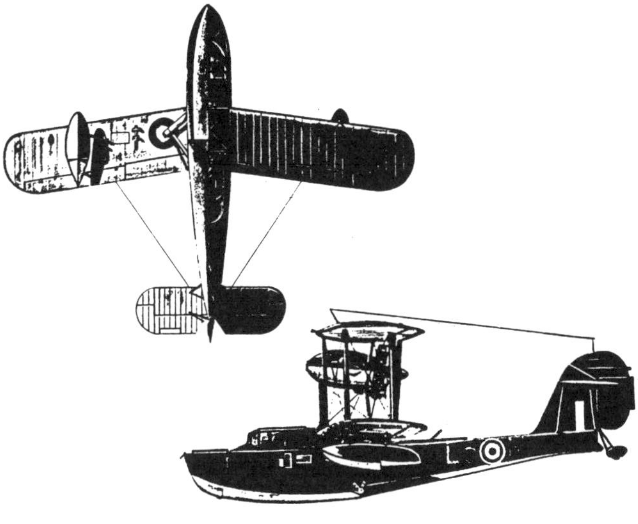

Amiot 143

Obwohl es sich bei diesem Bombenflugzeug um einen Typ handelte, der bereits seit 1935 von der französischen Luftwaffe geflogen wurde, sah man sich gezwungen, dieses veraltete Flugzeug bei Beginn des deutschen Angriffs im Westen trotzdem im Fronteinsatz zu verwenden. Von 260 Kampfflugzeugen, über welche die französische Luftwaffe am 10. 5. 1940 verfügte, waren nur 121 als modern anzusehen, und insgesamt existierten damals 91 Amiots 143. Diese Maschinen waren allen Frontflugzeugen der deutschen Luftwaffe naturgemäß absolut unterlegen. Dennoch setzten sich ihre Besatzungen bis zum Äußersten ein. So flogen am 14. Mai 1940 zwölf Amiots 143 einen Tagesangriff gegen die Brücken bei Sedan. Nur eine von ihnen kehrte zurück! Daraufhin wurden diese schwerfälligen Maschinen nur noch als Transporter eingesetzt. Sie standen in dieser Funktion unter der Vichy-Regierung noch lange im Dienst.

Technische Daten

Besatzung	4 Mann
Triebwerk	Gnôme-Rhône 14,2 x 870 PS
Spannweite	24,53 m
Länge	18,24 m
Höhe	5,70 m
Fluggewicht maximal	9700 kg
Höchstgeschwindigkeit	310 km/h
Reisegeschwindigkeit	270 km/h
Gipfelhöhe	7900 m
Reichweite	1200 km
Bewaffnung	5 MG, 7,5 mm
Bombenlast	1300 kg

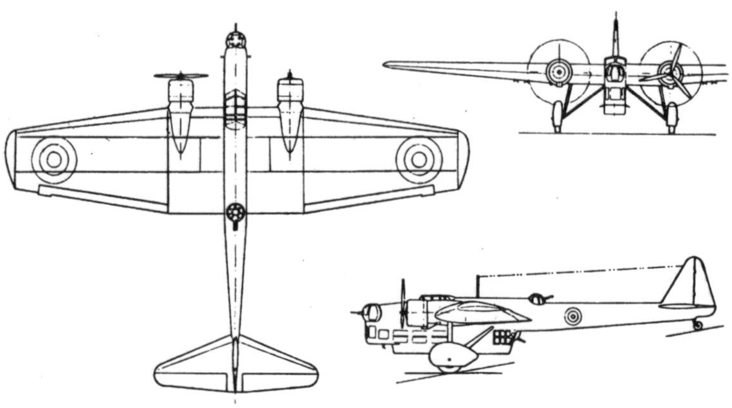

Bréguet 690–693

Der Prototyp dieses leichten Bombers war als dreisitziger Zerstörer und Konkurrenzmuster zur Potez 63 entworfen worden und flog als Bréguet 690 bereits Anfang 1939. Bei der Fertigstellung dieser ersten Ausführung stellte sich heraus, dass sie schwerer war, als die Ausschreibung vorgeschrieben hatte. Die hohe Geschwindigkeit führte aber zum Entschluss, dieses Muster als leichten Bomber in Serie gehen zu lassen. Im Juli 1939 wurden zwei Serienmaschinen Bréguet 691 in Brüssel-Evère öffentlich vorgeführt. Bei Beginn des Krieges im Westen (1940) waren aber nur vier Staffeln mit dem verbesserten Serienmuster Bréguet 693 ausgerüstet: die Escadrilles GB 1/54 und 2/54 der Bombergruppe GB 18 unter General Girier sowie GB 1/51 und 2/51 der GBA 19 unter Oberst du Castets du Boulbène. Einige Maschinen verblieben der Vichy-Regierung. Die von den deutschen Truppen unversehrt erbeuteten Bomber wurden dann der finnischen Luftwaffe zur Verfügung gestellt.

Technische Daten

Triebwerk	Gnôme-Rhône „Mars“, 2 x 680 PS
Spannweite	15,36 m
Länge	9,41 m
Höhe (mit Antenne)	4,00 m
Leergewicht	2950 kg
Fluggewicht	4850 kg
Höchstgeschwindigkeit	490 km/h in 5000 m Höhe
Reichweite	1400 km
Steigzeit auf 4000 m	8,30 Minuten
Bewaffnung	3–4 MG, 400 kg Bomben

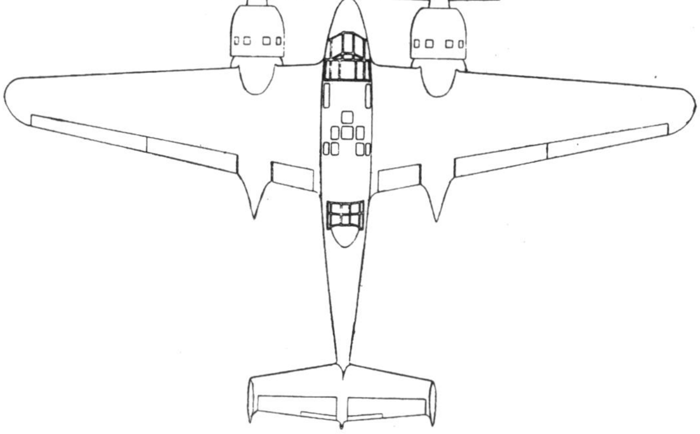

Breda Ba 65

Als Weiterentwicklung des Schlachtflugzeugs Ba 64 brachte Breda kurz vor Ausbruch des Zweiten Weltkriegs das Tiefangriffsflugzeug Ba 65 heraus, das sowohl ein- als auch zweisitzig geflogen werden konnte. Es wurden zwei verschiedene Motoren eingebaut: entweder der Fiat A-80 RC.41 von 1000 PS oder der gleichstarke Gnôme-Rhône K 14. Die Bewaffnung bestand aus vier starren Maschinengewehren, die in der Tragfläche gelagert waren. Es wurden entweder zwei 12,7- und zwei 7,7-mm-Waffen eingebaut, oder vier 7,7-mm-MG. Maximal konnte eine Bombenlast von 1000 kg mitgenommen werden. Nach Beginn der britischen Offensive in der Cyrenaika zeigte es sich, dass die Ba 65 den an sie gestellten Anforderungen nicht gerecht werden konnte. Bei den damit ausgerüsteten Verbänden waren schwere Verluste eingetreten. 1941 mussten die Maschinen daher aus dem Frontdienst abgezogen werden. Bei der zweisitzigen Ausführung befand sich hinter dem Führersitz ein kleiner Drehturm mit einem 7,7-mm-MG.

Technische Daten

Spannweite	12,10 m
Länge	9,60 m
Höhe	3,20 m
Fluggewicht einsitzig	2500 kg
Fluggewicht zweisitzig	2950 kg
Höchstgeschwindigkeit	430 km/h, zweisitzig 410 km/h
Reisegeschwindigkeit	380 km/h, zweisitzig 360 km/h
Steiggeschwindigkeit	6000 m in 11,30 Minuten einsitzig
	6000 m in 15,30 Minuten zweisitzig
Gipfelhöhe (ohne Last)	8300 m bzw. 7900 m (zweisitzig)
Reichweite einsitzig	1100 km
Reichweite zweisitzig	550 km

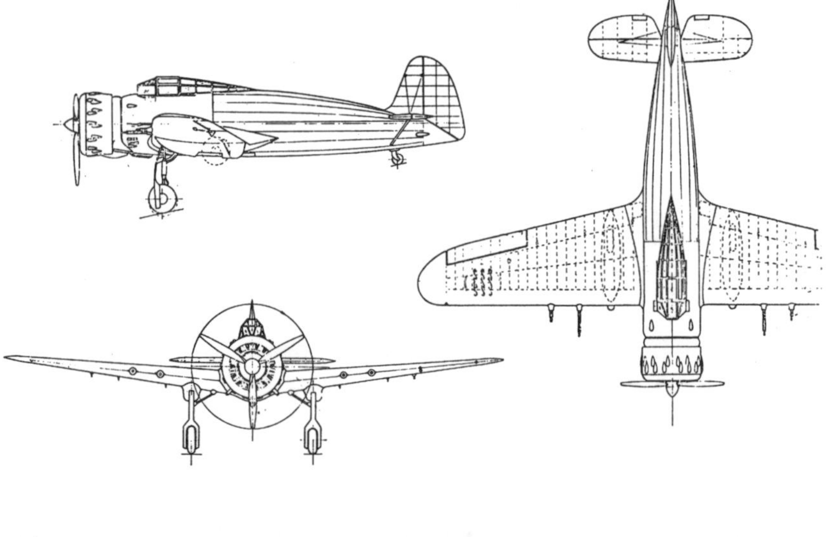

Cant.Z.1007 „Alcione“

1937 erschien bei der Firma Cantieri Riunite del Adriatico der Prototyp des von Zappato entworfenen schweren Bombers Cant. Z. 1007. Diese Maschine war zunächst mit drei Reihenmotoren Isotta-Fraschini ASSO IX von 840 PS ausgerüstet, die sich in der Erprobung als zu schwach herausstellten. Der Serienbau erfolgte dann mit einem Triebwerk von drei luftgekühlten Sternmotoren des Musters Piaggio P. XI bis RC 40 von je 1000 PS. Unter der Bezeichnung Cant. Z. 1007 (bis) ging diese Ausführung in den Serienbau, sowohl als Bomber als auch als Fernaufklärer. Die ersten Einsätze als Aufklärer erfolgten bei der 179. Squadriglia (etwa: Staffel) von Sizilien und Sardinien aus gegen Malta. Das Baumuster wurde dann in allen Sektoren des Kampfes im Mittelmeer eingesetzt, da es in der Lage war, auch gegnerische Ziele in Palästina und Ägypten anzugreifen. Die Abwehrbewaffnung war nicht allzu stark. Sie bestand aus zwei 12,7-mm-MG im Turm auf der Rumpfoberseite und zwei MG, 7,7 mm, an der Rumpfunterseite. Einige Maschinen überlebten den Krieg und wurden noch in den ersten Nachkriegsjahren bei der italienischen Luftwaffe geflogen. Um den MG-Schützen ein besseres Schussfeld zu geben, erhielt das Flugzeug später ein doppeltes Seitenleitwerk. Der letzte Flug einer „Alcione“ fand 1948 bei einer Luftfahrtschau in Guidonia statt.

Technische Daten

Spannweite	24,80 m
Länge	18,25 m
Höhe	5,22 m
Flächeninhalt	70 m²
Leergewicht	9336 kg
Fluggewicht	13 621 kg
Höchstgeschwindigkeit	455 km/h
Reichweite	1795 km
Gipfelhöhe	7500 m

Caproni Reggiane Re 2002 „Ariete“

Das Musterflugzeug dieses Typs, als Jäger, Jabo und Schlachtflugzeug verwendet, wurde 1940 aus der Vorgängerin, der Re 2000, entwickelt. Die wesentlichste Änderung bestand in der Verstärkung der Bewaffnung und dem Einbau eines 1180 PS starken Triebwerks, eines luftgekühlten 14-Zylinder-Motors. Anfang 1943 erhielt der 5. Stormo der italienischen Luftwaffe, ein Schlachtfliegerverband, die ersten Re 2002. Dieser Verband unter Führung von Oberst Nobill war bis dahin mit deutschen Ju 87 B ausgerüstet gewesen. 11 „Ariete“ griffen am 13. Juli 1943 das englische Schlachtschiff „Nelson“ an und beschädigten es. Insgesamt wurden 76 Re 2002 von 225 gebauten Maschinen an die deutsche Luftwaffe geliefert und in Frankreich zur Bekämpfung der Widerstandsorganisation eingesetzt.

Technische Daten

Spannweite	11,00 m
Länge	8,16 m
Höhe	3,15 m
Fluggewicht	3240 kg
Höchstgeschwindigkeit	530 km/h
Landegeschwindigkeit	120 km/h
Steigzeit auf 6000 m	8,48 Minuten
Gipfelhöhe	10 500 m
Reichweite	1100 km
Bewaffnung	2 MG, 12,7 mm, 2 MG, 7,7 mm
Bombenlast maximal	650 kg

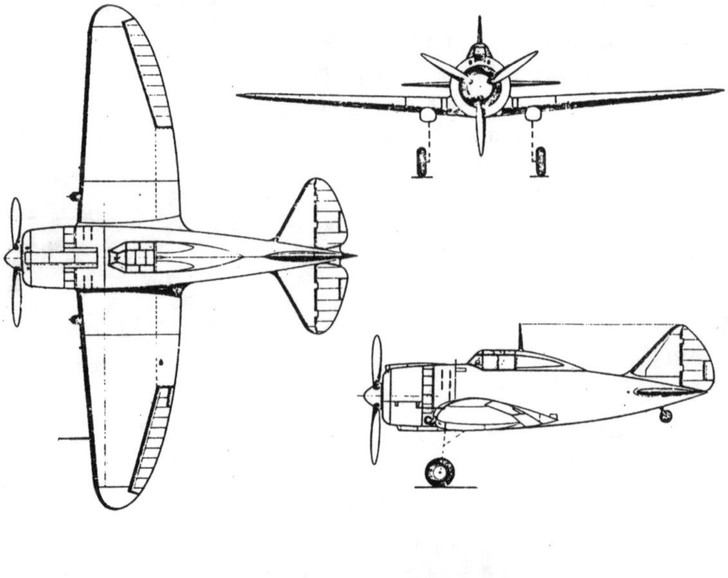

Fiat CR 25

Dieser zweimotorige Fernaufklärer war ursprünglich von der Regio Aeronautica, der italienischen Luftwaffe, als Zerstörer angefordert worden. Daraufhin entwickelte Chefkonstrukteur Rosatelli die CR 25. Die Erprobung des Prototyps brachte befriedigende Ergebnisse. Inzwischen war man aber bei der Regio Aeronautica vom Zerstörergedanken abgekommen, und es wurde nun entschieden, die CR 25 als Fernaufklärer einzusetzen. Als erster Verband wurde die 173. Squadriglia mit diesem Typ ausgerüstet, der für das Commando Supremo (Oberkommando) strategische Fernaufklärung fliegen sollte. Dann aber forderte man die Umkonstruktion auf Metallbauweise und stärkere Triebwerke. Die ursprüngliche Zerstörerbewaffnung wurde dabei vermindert. Schließlich wurde dann doch noch beschlossen, auch eine Zerstörerausführung herzustellen. Die beiden Baureihen unterschieden sich nur in der Bewaffnung. Der Fernaufklärer besaß zwei starre MG, 12,7 mm, im Bug und eines auf dem Rumpfrücken im Drehturm. Der Zerstörer hatte vier starre MG des Kalibers 12,7 mm.

Technische Daten

Besatzung	3 Mann
Triebwerk	Fiat A-74 RC-38, 2 x 840 PS
Spannweite	16,00 m
Länge	13,56 m
Flächeninhalt	39,20 qm
Leergewicht	3900 kg
Fluggewicht	6180 kg
Höchstgeschwindigkeit	490 km/h
Reichweite	2100 km
Gipfelhöhe	9600 m

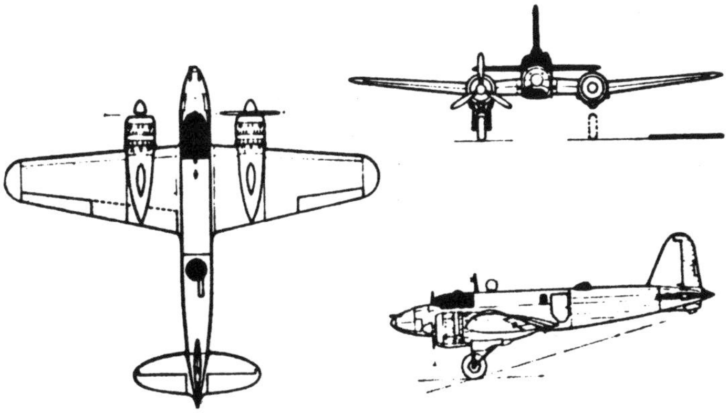

Macchi MC 200 „Saetta“

Neben der Fiat G. 50 war die von dem Ingenieur Mario Castoldi entworfene Macchi MC 200 das erste italienische Jagdflugzeug in Eindeckerbauweise. Die Maschine besaß eine elegante Linienführung, die durch den bulligen Sternmotor des Typs Fiat A. 74 RC 38 allerdings beeinträchtigt wurde. Im Hinblick auf ihre verhältnismäßig geringe Geschwindigkeit wirkte ihr Beiname „Saetta“ – „Blitz“ – etwas deplatziert, doch diese negative Eigenschaft wurde durch eine imponierende Wendigkeit und im Einsatz vorteilhafte Robustheit der Maschine ausgeglichen. Nach Beendigung der Konstruktionsarbeiten wurden von der Regia Aeronautica – der italienischen Luftwaffe – 99 „Saettas“ geordert, insgesamt verließen rd. 1200 MC 200 die Fabrikhallen. „Saettas“ waren während der Luftoffensive gegen die britische Kronkolonie Malta, beim Angriff auf Griechenland, über Nordafrika und den Schlachtfeldern der Sowjetunion eingesetzt. Die ersten MC 200 besaßen noch eine geschlossene Kabine, doch während des Krieges flogen die italienischen Piloten mit den von ihnen bevorzugten offenen Cockpits. Zum Schluss ihres Frontdaseins wurden die „Saettas“ für Begleitschutzaufgaben und als Jagdbomber eingesetzt.

Technische Daten

Spannweite	10,58 m
Länge	8,20 m
Höhe	3,51 m
Fluggewicht	2238 kg
Höchstgeschwindigkeit	503 km/h in 4500 m
Triebwerksleistung	870 PS
Besatzung	1 Pilot
Bewaffnung	2 x 12,7-mm-MG im oberen Rumpfbug; Aufhängevorrichtungen für je eine Bombe unter den Tragflächen

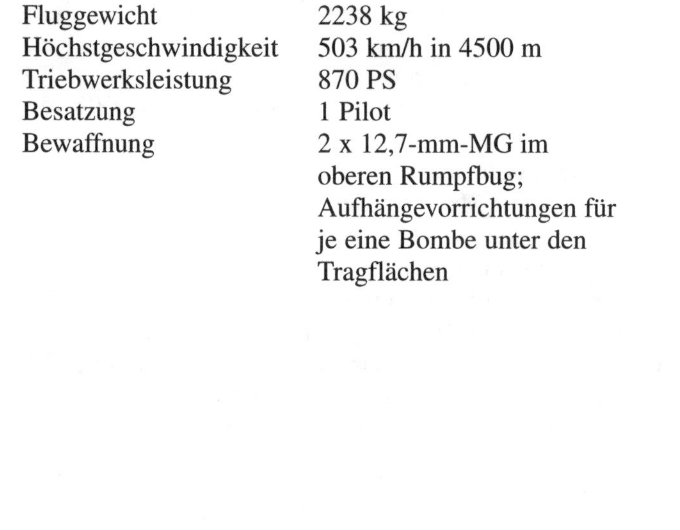

Macchi MC 202 „Folgore“

Da der mit einem luftgekühlten Sternmotor ausgerüstete italienische Jagdeinsitzer MC 200 sich den englischen Jägern als unterlegen erwiesen hatte, den italienischen Konstrukteuren aber kein leistungsfähiger Reihenmotor zur Verfügung stand, forderte der italienische Konstrukteur für seinen geplanten Hochleistungsjäger MC 202 den deutschen Daimler-Benz DB 601 N von 1150 PS an. Dem Ersuchen wurde stattgegeben, und der Konstrukteur Castoldi entwickelte nun die MC 202, deren Erstflug am 10. August 1940 erfolgte. Der erste Einsatz des neuen Flugzeuges fand am 25. 11. 1941 in der Cyrenaika statt. Die italienischen Piloten der MC 202 zeichneten sich besonders bei den schweren Abwehrkämpfen bei El Alamein sowie während der Rückzugskämpfe in Tunesien aus. So erzielte ein Verband mit der MC 202 seinen 500. Abschuss. Die Jagdmaschine ist sowohl in Libyen, auf Sardinien und im Ägäischen Meer eingesetzt worden, aber auch an der Ostfront. Dort war die 21. Gruppo di Caccia im Einsatz.

Technische Daten

Triebwerk	DB 601 N
Bewaffnung	zwei MG, 12,7 mm und zwei 7,9-mm-MG
Spannweite	10,58 m
Länge	8,85 m
Höhe	3,02 m
Fluggewicht	2937 kg
Höchstgeschwindigkeit	600 km/h
Steiggeschwindigkeit	6000 m in 5,55 min.
Gipfelhöhe	11 500 m
Reichweite	765 km

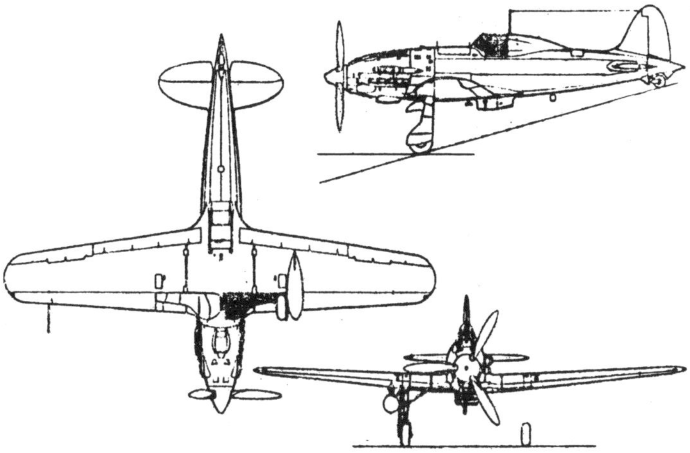

Piaggio P. 108 B

Dieses Flugzeug war der einzige viermotorige Langstreckenbomber der italienischen Luftwaffe und von dem Ingenieur Casiraghi entworfen worden. Der Erstflug des Prototyps fand 1939 statt. Die erste Serie von zwölf Flugzeugen kam zur 274. Squadriglia Bombardieri (Bomber-Staffel), wo die Maschinen den Beinamen „Bruno Mussolini“, eines Sohnes des italienischen „Duce“ (Führer) Benito Mussolini, erhielten, der einem Flugunfall zum Opfer gefallen war. Von italienischen Stützpunkten aus griffen diese Bomber wiederholt u. a. auch Gibraltar an und wurden dann nach der Invasion der Alliierten in Algerien (1942) laufend gegen Anlandungen gegnerischer Truppen in dortigen Häfen eingesetzt. Nur wenige Exemplare überstanden den Krieg; sie wurden in Foligno den Siegern übergeben. Insgesamt sind 55 P. 108 B gebaut worden.

Technische Daten

Besatzung	5 Mann
Bewaffnung	8 MG, 12,7 mm
Bombenlast	3500 kg
Triebwerk	Piaggio P. 12RC 35, 4 x 1500 PS
Spannweite	32 m
Länge	22,29 m
Höhe	6 m
Fluggewicht	29 885 kg
Höchstgeschwindigkeit	420 km/h
Reichweite	3520 km
Gipfelhöhe	8500 m
Steigzeit auf 5000 m	21,08 Minuten

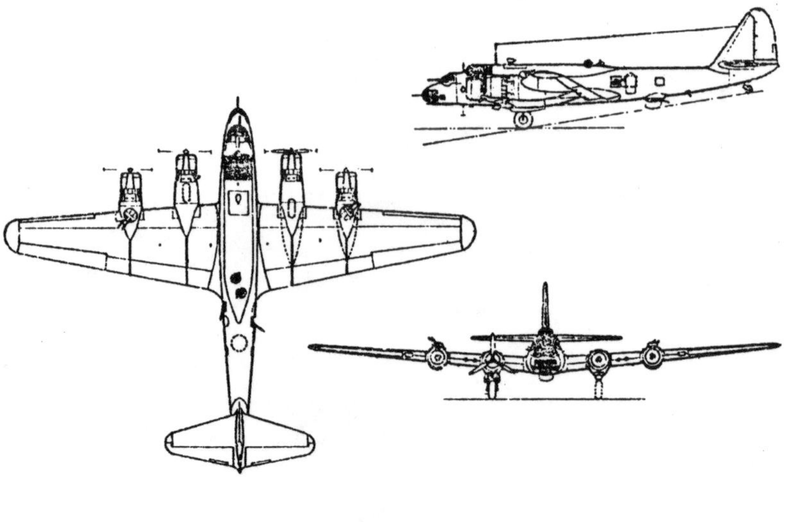

Reggiane Re 2001

Nachdem Deutschland 1940 Italien eine Anzahl Reihenmotoren des Typs Daimler-Benz DB 601 von 1050 PS zur Verfügung gestellt hatte, überarbeiteten die Ingenieure Alessi und Longhi den Zellenentwurf des mit einem luftgekühlten Sternmotor Fiat A-74 ausgerüsteten Jägers Reggiane Re 2000 und entwickelten dann die leistungsfähigere Re 2001. Obwohl die Höchstgeschwindigkeit um etwa 50 km/h niedriger lag als bei der Macchi MC 202, wurden 252 Exemplare gebaut und als Tag- und Nachtjäger eingesetzt. Die ersten 100 Maschinen gingen an die Gruppe Nr. 2-CT, die in Sizilien stationiert war und ab Mai 1942 laufend Einsätze flog, zum Teil während der Bekämpfung Maltas durch die deutsche Luftwaffe. Nach und nach wurde die Re 2001 auf verschiedenen Kriegsschauplätzen auch als Jagdbomber eingesetzt, wobei eine 640-kg-Bombe unter dem Rumpf aufgehängt wurde. Die Bewaffnung bestand aus zwei MG, 12,7 mm, und zwei weiteren des Kalibers 7,7 mm. Als Verlustgerät-Bordjäger wurde die Re 2001 auch auf Katapulten von Schiffen der Versorgungsgeleitzüge für Nordafrika versuchsweise eingesetzt. Diese Tests wurden aber bald wieder eingestellt.

Technische Daten

Triebwerk	Daimler-Benz DB 601
Leistung	1050 PS
Spannweite	11,00 m
Länge	8,36 m
Höhe	3,15 m
Fluggewicht	3267 kg
Höchstgeschwindigkeit	545 km/h
Steigzeit auf 6000 m	6 Minuten, 30 Sekunden
Reichweite	1040 km
Gipfelhöhe	11 000 m

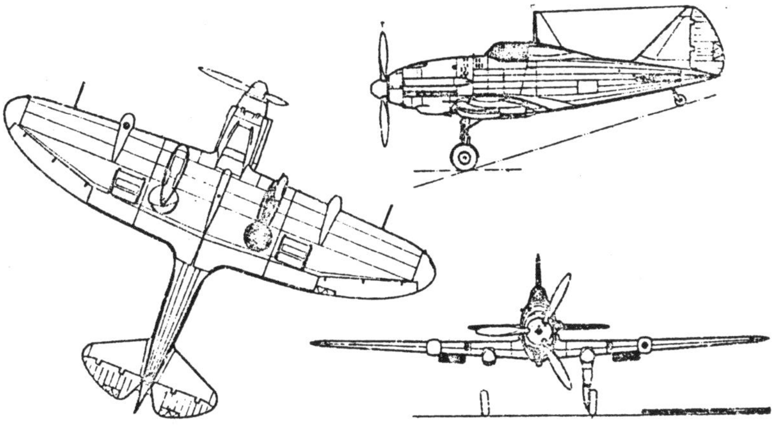

Savoia-Marchetti SM 81

Dieser Bomber entstand als Parallelentwicklung zum Verkehrsflugzeug SM 73 bereits im Jahre 1935 und bewährte sich bei den Operationen der italienischen Luftwaffe in Äthiopien, ab 1936 während des Spanischen Bürgerkriegs und nach Ausbruch des Zweiten Weltkrieges in Nord- und Ostafrika, obwohl die Maschine zu diesem Zeitpunkt bereits veraltet und zum Teil durch die SM 79 ersetzt worden war. Während des Spanischen Bürgerkrieges waren nicht nur die italienischen Legionärsstaffeln, sondern auch die Bomberverbände General Francos mit diesem Typ ausgerüstet. Ab 1940 flogen einige italienische Staffeln mit SM 81 noch in Libyen, im Ägäischen Meer und in Italienisch-Ostafrika. Sogar Alexandria wurde mit SM 81 wiederholt angegriffen. Nach Abzug aus dem Frontdienst wurde die SM 81 für Blindflugausbildung, Transportaufgaben und ähnliche Zwecke verwendet.

Technische Daten

Triebwerk	Piaggio P X, 3 x 700 PS oder Piaggio P XI, 3 x 680 PS oder Alfa Romeo 125, 3 x 580 PS oder Alfa Romeo 126, 3 x 900 PS oder Gnôme-Rhône K 14, 3 x 1000 PS
Bewaffnung	6 MG, 7,7 mm
Bombenlast	1000 kg
Spannweite	24,00 m
Länge	17,80 m
Höhe	4,45 m
Fluggewicht	9300 kg
Höchstgeschwindigkeit	340 km/h
Marschgeschwindigkeit	290 km/h
Steiggeschwindigkeit	3000 m in 12 Minuten mit Piaggio P X
Reichweite	1500 km
Gipfelhöhe	7000 m

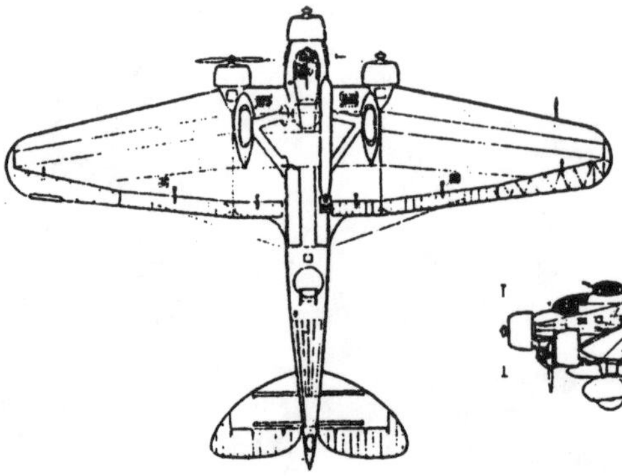

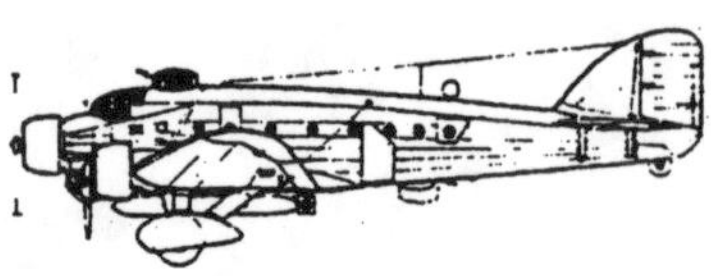

Savoia-Marchetti SM 82 „Marsupiale“

Aufgrund ihrer enormen Zuladefähigkeit erhielt diese Konstruktion den Beinamen „Marsupiale“ (Beuteltier). Der Prototyp flog bereits 1938. Die Maschinen versorgten damals von Italien aus auch die abgeschnittenen italienischen Verbände in Abessinien. Sogar Jagdeinsitzer Fiat CR 42 wurden im Rumpf der SM 82 dorthin transportiert. Nach dem italienischen Waffenstillstand führten die SM 82 mit italienischer Besatzung, aber deutschen Kennzeichen, für die deutsche Luftwaffe in Griechenland, Libyen, Tunesien und der Sowjetunion Transportauftäge durch. Die beiden Transportgruppen „Terraciano“ und „Trabucchi“ haben sich dabei besonders bewährt. Die übrig gebliebenen Exemplare wurden nach dem Krieg als 36. Stormo Trasporti in Guidonia stationiert und sind noch mehrere Jahre im Einsatz gewesen. Sie erhielten dann statt der ursprünglichen Motoren amerikanische Pratt & Whitney „Twin Wasp“ von je 1215 PS.

Technische Daten

Besatzung	7–8 Mann
Triebwerk	Alfa Romeo 128, 3 x 860 PS
Spannweite	29,68 m
Länge	22,90 m
Höhe	6,00 m
Leergewicht	10 550 kg
Fluggewicht	17 820 kg
Höchstgeschwindigkeit	370 km/h
Marschgeschwindigkeit	300 km/h
Reichweite normal	3000 km
Gipfelhöhe	6000 m
Steigzeit auf 3000 m	18 Minuten

Kawasaki Ki 48

Mit der Erprobung des Prototyps dieses leichten Bombers war zwischen Juli und November 1939 begonnen worden. Hierbei hatte sich eine Verstärkung im Leitwerksbereich als notwendig erwiesen. Im Laufe der Produktion wurde der ursprüngliche Motor Ha-25 durch den leistungsfähigeren Ha-115 ersetzt. Insgesamt sind bis zum Ende der Fertigung im Oktober 1944 1408 Maschinen dieses Typs gebaut worden. Als die Ki-48 1940 gegen China eingesetzt wurde, gab es dort so gut wie keine Abwehr. Dies sollte sich nach dem Eingreifen von US-General Chennaults „Flying Tigers" aber bald ändern. Die Ki-48 war zu langsam und konnte nur eine Bombenlast von 500 kg tragen. Stabilität und Manövrierfähigkeit ließen ebenfalls zu wünschen übrig. Ab 1943 wurde die Maschine zu zahlreichen Versuchen verwendet. Auch als Träger für die japanischen Selbstmordbomben war dieses Flugzeug eingesetzt gewesen.

Technische Daten

Besatzung	4 Mann
Triebwerk	Ha-115, 2 x 1130 PS
Bewaffnung	4 x MG, 7,7 mm
Spannweite	17,47 m
Länge	12,60 m
Höhe	3,80 m
Leergewicht	4050 kg
Fluggewicht	6050 kg
Höchstgeschwindigkeit	505 km/h
Marschgeschwindigkeit	59 59
	350 km/h
Landegeschwindigkeit	120 km/h
Gipfelhöhe	10 000m
Reichweite	2400 km

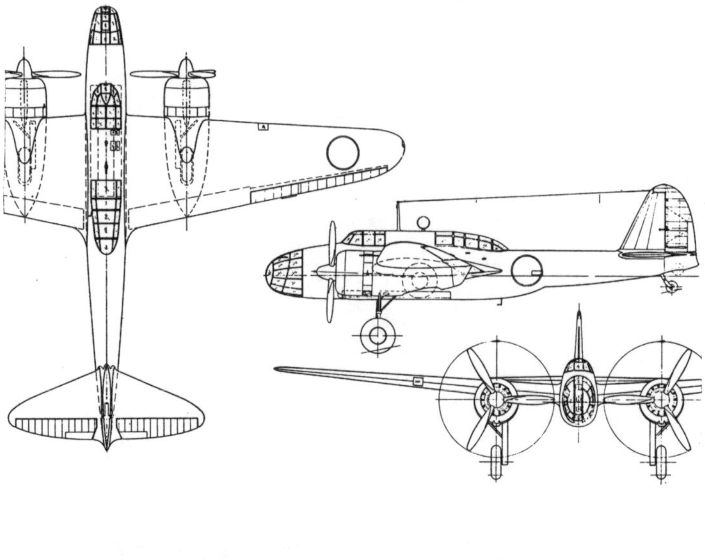

Kawasaki Ki 61 „Hien“

Dieser Jäger wurde bei seinem ersten Auftreten im Kampfgebiet von Neu-Guinea für einen japanischen Nachbau der Messerschmidt Bf (Me) 109 gehalten. Er war und blieb die einzige Jagdmaschine der Japaner, die einen Reihenmotor hatte, einen Nachbau des deutschen DB 601, der in Japan unter der Bezeichnung Ha 40 lief. Der Prototyp der Ki 61 war schon Ende 1941 geflogen, und die Serienproduktion erreichte Ende 1943 bereits einen monatlichen Ausstoß von mehr als 200 Maschinen. Ursprünglich wurde als Hauptwaffe ein MG 151/20 von Mauser verwendet. Da aber der Nachschub Schwierigkeiten bereitete, griff man nach Fertigstellung von 400 Maschinen auf die japanische Ho-5-Kanone (20 mm) zurück. Die Ki 61 trug außerdem zwei 12,7-mm-MG und konnte für Jabo-Einsätze maximal eine 250-kg-Bombe mitnehmen. Die Maschine hat sich gut bewährt. Bekannt wurden ihre Einsätze im Raum von Rabaul, bei der Verteidigung von Manila und später in der Schlacht von Leyte. Es wurden insgesamt etwa 2750 Jäger dieses Typs hergestellt.

Technische Daten

Triebwerk	Ha 40, 1175 PS
Bewaffnung	1 Ho 5 (20 mm), 2 MG, 12,7 mm
Spannweite	11,99 m
Länge	8,94 m
Höhe	3,70 m
Fluggewicht	3470 kg
Höchstgeschwindigkeit	560 km/h
Gipfelhöhe	10 500 m
Reichweite	1800 km

Mitsubishi A6M „Zero-Sen“

Die „Zero“ war während des Krieges im Pazifik der berühmteste und bei alliierten Piloten gefürchtetste japanische Jagdeinsitzer. Die Maschine besaß eine unwahrscheinliche Wendigkeit und ein enormes Steigvermögen. Das erste Flugzeug dieses Typs, hauptsächlich in den Nakajima-Werken hergestellt, wurde am 1. April 1938 von dem Testpiloten Katsuzo Shima zum Jungfernflug gestartet. Als trägergestützte Version nahmen „Zero 5“ an dem japanischen Überfall auf den US-Flottenstützpunkt Pearl Harbor (Dezember 1941), an der Schlacht bei den Midway-Inseln und vielen weiteren Kämpfen bis zur Niederlage des Kaiserreiches im August 1945 teil. Als sich der Sieg der Amerikaner immer mehr abzeichnete, stürzten sich japanische Piloten mit Flugzeugen des Typs A6M7,von Mitsubishi speziell für Kamikaze-Einsätze hergestellt, auch im Selbstopferungseinsatz auf amerikanische Schiffe. Bis zum Ende des Pazifik-Krieges waren 10937 „Zero“-Jäger aller Versionen gebaut worden.

Technische Daten
(A6M2, Modell 21)

Triebwerk	Nakajima Sakae 12, Sternmotor, 940 PS
Spannweite	12 m
Länge	9,06 m
Höhe	3,05 m
Besatzung	1 Mann
Fluggewicht	2410 kg
Höchstgeschwindigkeit	535 km/h in 4500 m Höhe
Gipfelhöhe	10000 m
Reichweite	1870 km
Bewaffnung	zwei MG, 7,7 mm, im Bug, je eine 20-mm-Kanone in den Tragflächen

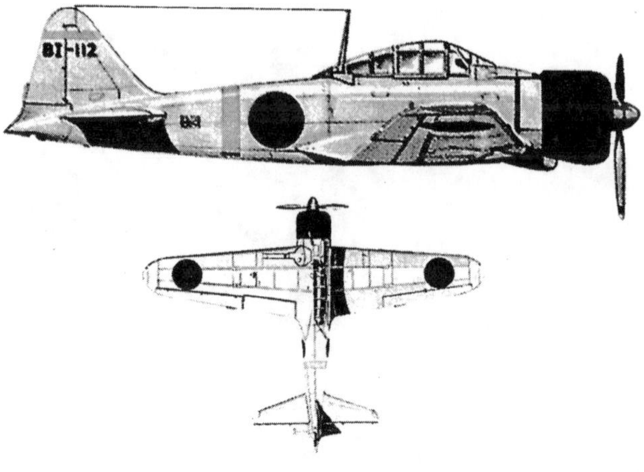

Mitsubishi G 4 M

Dieses japanische Kampfflugzeug, von den Amerikanern „Betty“ genannt, war eine Schöpfung des Konstrukteurs Kiro Honjo. Sein Vorläufer war die Version M 1, die noch vor dem II. Weltkrieg bei japanischen Operationen in China eingesetzt wurde. Da für den Bomber von Anfang an eine überaus große Reichweite gefordert worden war, musste wegen der Platzierung der zahlreichen Tanks auf eine Panzerung weitgehend verzichtet werden. Das führte dann im Einsatz auch dazu, daß die Maschine mit ihren rund 5000 Litern Treibstoff sehr verwundbar war. Beim Kampf über den Salomonen-Inseln kam es zu besonders schwerwiegenden Verlusten, worauf dann im August 1942 bei Mitsubishi mit der Umkonstruktion in das Modell G 4 M 2 begonnen wurde. Diese Variante hatte eine bessere Bewaffnung, stärkere Motoren, eine erhöhte Benzinzuladung und – ebenfalls keine Panzerung. Insgesamt waren 2479 Flugzeuge des „Betty“-Typs gebaut worden.

Technische Daten
(Modell 24)

Spannweite	24,89 m
Länge	19,63 m
Höhe	4,11 m
Triebwerke	2 Mitsubishi-Kasei-25-Sternmotoren von je 1850 PS
Fluggewicht	15 000 kg
Höchstgeschwindigkeit	430 km/h
Gipfelhöhe	9000 m
Reichweite	2400 km
Bewaffnung	vier 20-mm-Kanonen, eine 1000-kg-Bombe oder ein Torpedo
Besatzung	4–6 Mann

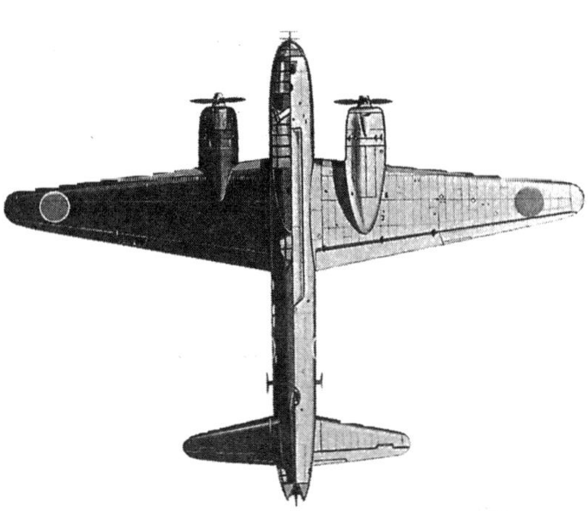

Mitsubishi Ki-46/IV

Diese in Japan als „Shin-Shitei“ (neuer Aufklärer des Oberkommandos) bezeichnete Maschine war eines der hochwertigsten Flugzeuge Japans überhaupt. Es schwebten damals Verhandlungen mit Deutschland, um den Lizenzbau der Ki-46 im Austausch gegen die Junkers Ju 88 A zu ermöglichen. Zwei Flugzeuge der Version Ki-46/IV führten im Februar 1945 von Fussa (heute Yokota) bei Tokio einen Aufklärungsflug nach Peking durch, der zweieinhalb Stunden dauerte. Die beiden Maschinen erreichten, in 8000–9000 m Höhe fliegend, eine Durchschnittsgeschwindigkeit von 685 km/h! Unser Bild zeigt eine Ki-46/IV als Nachtjäger, bei dem zuerst der Schrägwaffeneinbau (deutscherseits „Schräge Musik“ genannt) durchgeführt wurde. Die Japaner installierten für diesen Zweck eine 4-cm-Kanone, da kleinere Kaliber gegen die amerikanischen B-29-Bomber keine genügende Wirkung erzielt hätten. Insgesamt sind 1738 Ki-46 gebaut worden, die über allen Kampfstätten des ostasiatischen und pazifischen Raums eingesetzt gewesen waren.

Technische Daten

Besatzung	2 Mann
Triebwerk	Ha-112/II, 2 x 1500 PS
Bewaffnung	1 x MG, 7,92 mm, 3 x MG, 7,7 mm, 1 x MK, 40 mm
Spannweite	14,70 m
Länge	11,00 m
Höhe	3,88 m
Leergewicht	4010 kg
Fluggewicht	5900 kg
Höchstgeschwindigkeit	685 km/h
Gipfelhöhe	11 000 m
Reichweite maximal	4000 km

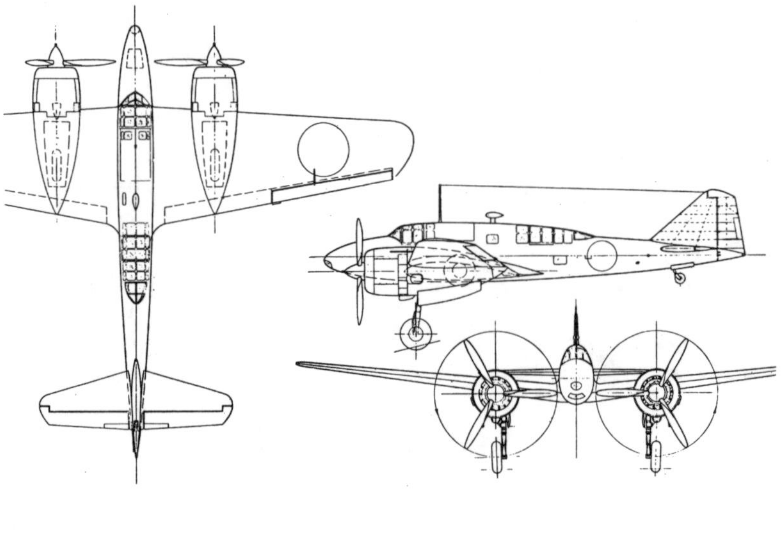

Nakajima B 5 N 1/2 „Kate“

Dieser leichte Trägerbomber hat bei dem japanischen Angriff auf Pearl Harbor am 8. 12. 1941 eine große Rolle gespielt und ergänzte die Sturzbomberangriffe der Aichi D 3 A 1. Das Konzept für die Entwicklung der Maschine beruhte auf den Kenntnissen, die sich japanische Fachleute aufgrund ihrer früheren Zusammenarbeit mit den amerikanischen Firmen Douglas, Northrop und Clerk erworben hatten. Das Flugzeug konnte schließlich als leichter Bomber und als Torpedoflugzeug verwendet werden. Gegen Pearl Harbor sind beide Versionen eingesetzt worden, wobei entweder eine 850-kg-Bombe oder ein Torpedo ähnlichen Gewichts abgeworfen wurde. Die Maschine war bis zur Luft-Seeschlacht bei Midway im Frontdienst, wurde dann aber durch den Nachfolgetyp B 6 N 1/2 ersetzt. Insgesamt sind 1200 „Kates“ (US-Bezeichnung) gebaut worden, davon eine Anzahl als Schulflugzeuge. Nach japanischen Berichten sollen bei dem Torpedoangriff von 48 B 5 N 1 gegen Pearl Harbor 50 Prozent Treffer erzielt worden sein.

Technische Daten

Triebwerk	Hikari KM 3, 1000 PS
Spannweite	15,52 m
Länge	10,30 m
Höhe	3,70 m
Fluggewicht	3800 kg
Höchstgeschwindigkeit	378 km/h
Steigzeit auf 5000 m	13,46 Minuten
Gipfelhöhe	7640 m
Reichweite	1075 km
Bewaffnung	1 MG, 7,7 mm
Bombenlast	800 kg

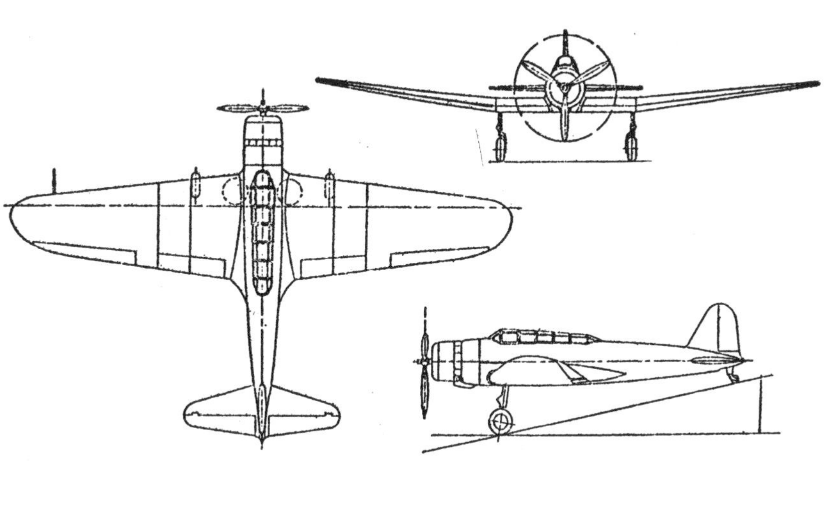

Fokker D XXI

Dieser Jagdeinsitzer war bei Beginn des deutschen Angriffs 1940 der Standardjäger der holländischen Luftwaffe. Auch bei der finnischen Luftwaffe war der Typ bei einigen Jagdeinheiten eingesetzt. Schließlich wurden einige Exemplare auch an Dänemark geliefert. In Holland wurde die D XXI 1936 als Nachfolger des Doppeldeckers D XVII eingeführt. Der Serienbau begann 1937 und endete 1939. Es war Fokkers erster Jagdeindecker seit dem letzten, in Deutschland gebauten Jagdeinsitzer Fokker D VIII. Die Finnen erzielten im Winterfeldzug 1939/40 damit erhebliche Erfolge gegen die russischen Polikarpow 1-15 und 1-16. Obwohl die D XXI zu langsam war, haben holländische Piloten bei der verzweifelten Abwehr des deutschen Angriffs im Mai 1940 den deutschen Me 109 doch empfindliche Verluste zugefügt. Da aber die Masse ihrer Luftwaffe durch den deutschen Bombenangriff der Luftflotte 2 bereits stark dezimiert war, hatten sie keine besonderen Chancen. In Betrieb und Einsatz war die Fokker D XXI ein zuverlässiges und robustes Flugzeug. Als Triebwerk wurden sowohl der englische Bristol Mercury VIII mit 840 PS als auch der amerikanische Wright Cyclone GR-1820-F 54 mit 720 PS verwendet. Die Bewaffnung bestand aus zwei 2-cm-Kanonen und zwei 7,9-mm-Maschinengewehren.

Technische Daten

Spannweite	10,80 m
Länge	7,40 m
Höhe	3,00 m
Fluggewicht	2250 kg
Höchstgeschwindigkeit	420 km/h
Reisegeschwindigkeit	370 km/h
Gipfelhöhe	10 000 m

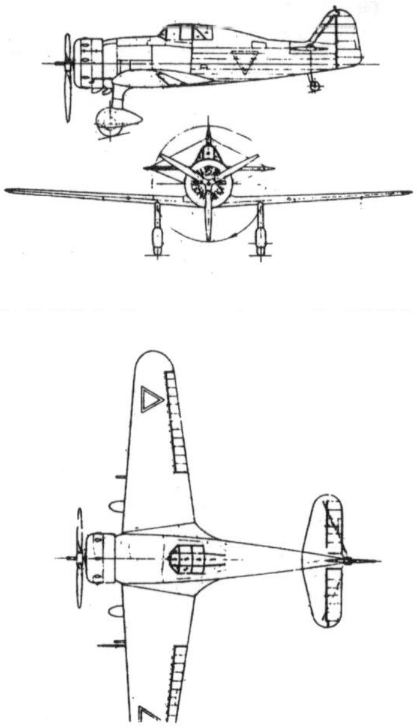

PZL P-23 „Karas“

Die „Karas“ („Karausche“) war 1939 das von der polnischen Luftwaffe wohl am meisten verwendete Flugzeug gewesen und als taktischer Aufklärer sowie als leichter Bomber vorgesehen. Hersteller war die Firma „Panstwowe Zaklady Lotnicze“ in Warschau. Die PZL 23 war ein Ganzmetallflugzeug mit einer Besatzung von 3 Mann. Die erste Ausführung „Karas“ A oder PZL 23/1 besaß als Triebwerk einen englischen Bristol-Pegasus-II/M2-Motor von 580 PS. Von dieser Version wurden 40 Stück gebaut. Die „Karas“ B war mit dem stärkeren Pegasus VIII ausgerüstet. Von dieser Version wurden 210 Maschinen hergestellt. Insgesamt 17 Staffeln waren mit der „Karas“ ausgerüstet, als 1939 der Krieg ausbrach. 42 Maschinen sollten mit dem 980-PS-Gnôme-Rhône-Motor 14 Kfs an Bulgarien geliefert werden, aber nur noch 30 erreichten ihr Ziel. Fünf weitere wurden noch von der polnischen Luftwaffe übernommen und dann durch deutsche Bomben am Boden zerstört. Die einzelnen Staffeln bildeten übrigens keine selbständigen Einheiten der Luftwaffe, sondern unterstanden dem Befehl der polnischen Armeebefehlshaber. Etwa ein Dutzend PZL 23 A und B entkamen 1939 nach Rumänien, wurden von der rumänischen Luftwaffe übernommen und 1941 gegen die Sowjetunion eingesetzt.

Technische Daten

Triebwerk	Bristol Pegasus VII, 680 PS
Besatzung	3 Mann
Bewaffnung	3 MG
Bombenlast maximal	700 kg
Spannweite	13,95 m
Länge	9,68 m
Höhe	3,30 m
Fluggewicht maximal	3525 kg
Höchstgeschwindigkeit	319 km/h
Landegeschwindigkeit	110 km/h
Steiggeschwindigkeit	6,7 m/sec
Gipfelhöhe	7300 m
Reichweite	1260 km

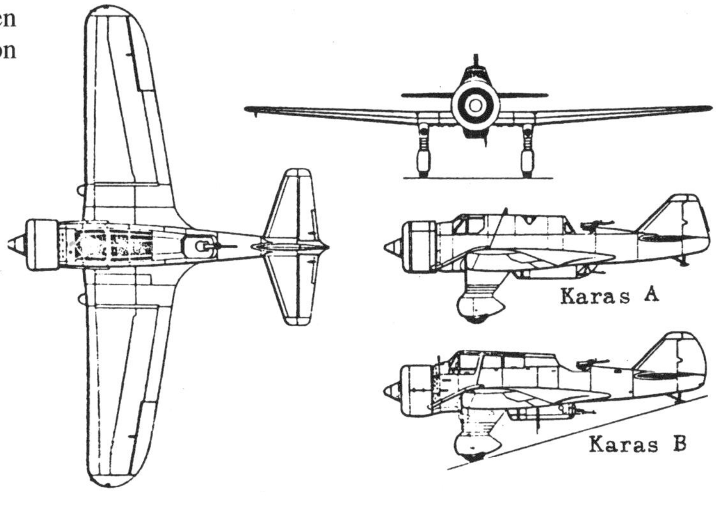

Iljuschin DB-3

Als Weiterentwicklung des Flugzeugs ZKB 26, mit dem 1936/37 verschiedene Weltrekorde erzielt wurden, entstand 1938 das Versuchsflugzeug ZKB 30. Die Besatzung Kokkinaki/Briandiskij führte am 27. 6. 1938 mit dieser Maschine einen für damalige Zeiten aufsehenerregenden Nonstopflug von Moskau nach Dalno bei Wladiwostok (7580 km) in 24 Stunden und 36 Minuten durch. Ein zweiter Rekordflug sollte am 28. 4. 1939 von Moskau nach New York führen, endete aber bereits auf einer kleinen Insel bei Neu-Braunschweig in Kanada. Trotzdem war es eine überragende Leistung: 8000 km Nonstop bei minus 22 Grad. Die Leistungsfähigkeit des Typs war bewiesen, und so entstand der Dalnij Bombardirowtschik (Fernbomber) DB-3, der sofort in Serie gebaut wurde. Der erste Einsatz erfolgte im finnisch-russischen Krieg 1939/40. Die Finnen erbeuteten einige DB-3 und haben diese dann selbst gegen die Sowjets eingesetzt. 1941/42 hatten DB-3-Bomber wiederholt Nachtangriffe gegen das deutsche Hinterland und Ostpreußen geflogen. Es war auch eine verbesserte Ausführung des Typs DB-3 F zum Einsatz gekommen, die dann als Il-4 bekannt wurde.

Technische Daten

Besatzung	3–4 Mann
Triebwerk	M-85, 2 x 800 PS
Spannweite	21,40 m
Länge	14,30 m
Fluggewicht mit 2500 kg Bomben	7600 kg
Höchstgeschwindigkeit	408 km/h
Gipfelhöhe	7300 m
Reichweite mit 2500 kg Bomben	1300 km
Bewaffnung	3 MG, 7,62 mm

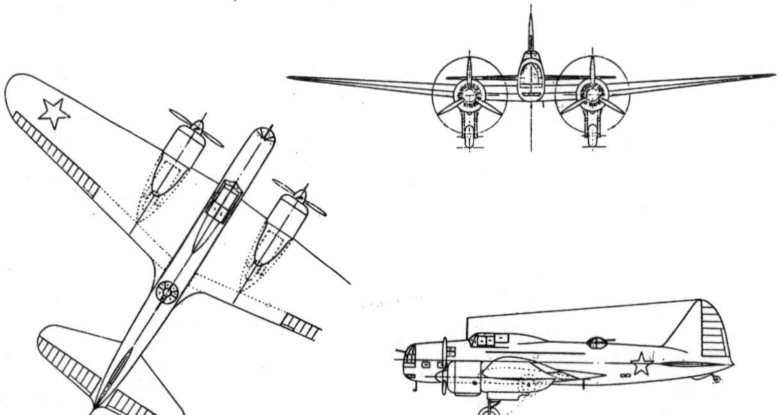

Iljuschin Il 2

Wohl kein Flugzeug hat in der sowjetischen Luftkriegführung 1941–1945 eine solch führende Rolle gespielt wie dieses gepanzerte Schlachtflugzeug. Die Maschine war mit zwei 20-mm-Kanonen und zwei 7,62-mm-MG ausgerüstet. Daneben trug die einsitzige Ausführung eine Bombenlast von 500 bis 600 kg oder acht 82-mm-Raketengeschosse.
Die ersten Maschinen wurden gerade fertig, als der deutsche Vormarsch begann. Eilig wurden die Piloten eingeschult und sofort im Mittelabschnitt eingesetzt. Sie erwiesen sich als so erfolgreich, dass Stalin, als sich die deutschen Truppen Moskau näherten, an das Werk telegraphierte: „Die Rote Armee braucht die 112 so dringend wie das tägliche Brot!" Trotzdem führte das Fehlen der rückwärtigen Verteidigung in der Maschine zu Verlusten. Daher wurde Anfang 1942 beschlossen, eine zweisitzige Ausführung zu bauen. Gleichzeitig wurden die 20-mm-Kanonen durch solche vom Kaliber 23 mm ersetzt, und das Triebwerk wurde verstärkt. Bereits im Oktober 1942 war die neue Il 2 M 3 einsatzbereit. Im Raum Stalingrad erzielten die neuen zweisitzigen „Stormowiks" im Januar und Februar 1943 zehn Abschüsse von Me 109. Die Piloten waren vom Feuer der Bordschützen überrascht worden, die man bisher bei der 112 nicht gekannt hatte. Auch die sowjetischen Marineflieger setzten die Il 2 M 3 mit bestem Erfolg ein. Während der Schlacht bei Kursk warteten die Il 2 mit neuen bösen Uberraschungen auf. Sie waren jetzt mit 37-mm-Pak ausgerüstet und verursachten unter den deutschen Panzern schwere Ausfälle. Bis Ende des Krieges sind in der UdSSR etwa 35 000 Il 2 hergestellt worden.

Technische Daten

Spannweite	14,60 m
Länge	11,65 m
Flächeninhalt	38,50 qm
Leergewicht	4200 kg
Fluggewicht	5870 kg
Höchstgeschwindigkeit	400 km/h
Reisegeschwindigkeit	320 km/h
Reichweite	750 km
Gipfelhöhe	7500 m

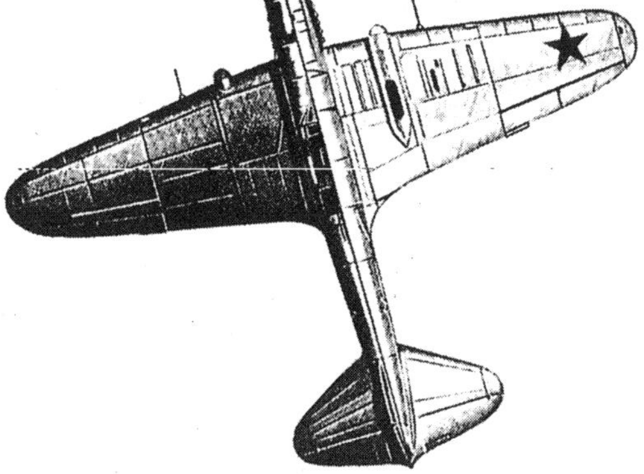

Jakowlew Jak 1

Anfang 1940 startete der erste Jäger, den Jakowlew entworfen hatte, unter der Bezeichnung I-26 zum Erstflug. Der russische Konstrukteur hatte 1939 in Rostock Heinkels He 100 kennen gelernt und hierbei wohl festgestellt, wie ein modernes Jagdflugzeug gestaltet sein musste. So hatte im Gegensatz zu Polikarpows I-15 und I-16 Jakowlews I-26 eine schlanke, elegante Form. Nach dem neuen Typenbezeichnungssystem erhielt die I-26 dann als Serienmuster die Bezeichnung Jak 1. Der Prototyp I-26 unterschied sich von der Jak 1 hauptsächlich durch das Fehlen des Ölkühlers an der Rumpfnase. Ähnlich wie bei der britischen „Spitfire“ wurde die ins Rumpfende verlaufende Kabinenabdeckung später durch eine Rundsichthaube ersetzt. Gegenüber der bisher in Massen gebauten I-16 stellte die Jak 1 einen großen Fortschritt dar, denn die Höchstgeschwindigkeit lag um 130 km/h höher. Eine zweisitzige Trainerausführung UTI-26 wurde als Jak 7 bezeichnet. Als bei der Roten Luftflotte 1941 ein Jägermangel auftrat, wurde die Jak 7 mit abgedecktem zweitem Sitz und Zusatzbewaffnung als Jagdflugzeug eingesetzt. Die Fertigung der Jak 1 und der Jak 7 endete Anfang 1942.

Technische Daten

Triebwerk	Klimow M-105 PA, 1100 PS
Spannweite	10,00 m
Länge	8,47 m
Höhe	1,70 m
Fluggewicht	2825 kg
Höchstgeschwindigkeit	585 km/h
Steigzeit auf 4000 m	4,30 Minuten
Gipfelhöhe	10 000 m
Reichweite	850 km

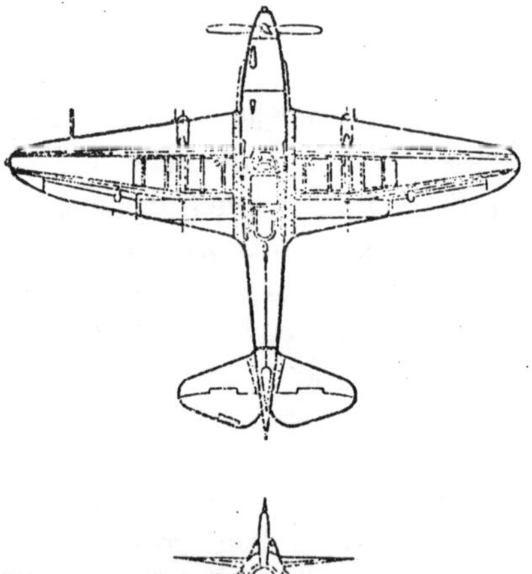

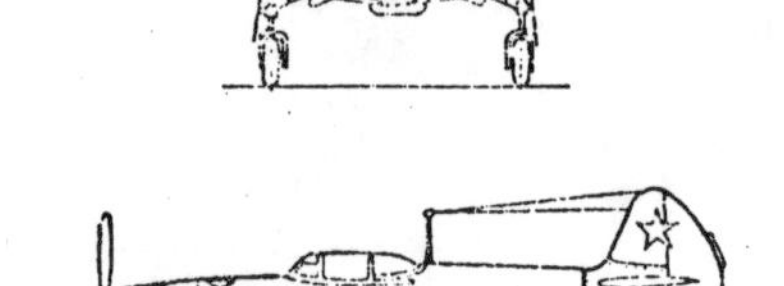

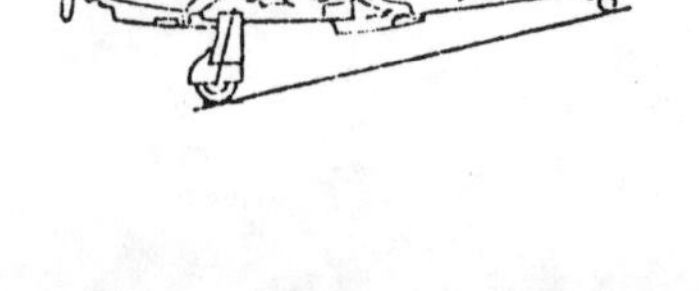

Jakowlew Jak 3

Auf Grund einer Forderung der Roten Luftflotte wurde die Entwicklung dieses im II. Weltkrieg meistgebauten russischen Jägers Ende 1941 begonnen. Die grundlegende Forderung war ein Jäger, der auch in Höhen bis 6000 m äußerste Wendigkeit und daneben eine ausgezeichnete Steigfähigkeit haben sollte. Jakowlews Kollektiv griff auf die in Serienproduktion befindliche Jak 1 zurück. Der hintere Teil des Rumpfes wurde um so viel niedriger gemacht, dass er mit dem vorderen eine gerade Linie bildete, wodurch der Aufbau einer Kabinenabdeckung mit voller Rundsicht möglich wurde. Außerdem wurde die Fläche weitgehend geändert. Ferner wurde eine verbesserte Version des bei der Jak 1 verwendeten Triebwerks Klimow M-105 PA, der M 105-PF, eingebaut, der mit 1210 PS 110 PS mehr leistete als sein Vorgänger. Als Bewaffnung erhielt der neue Jäger eine 20-mm-SchwAk-Kanone und zwei 12,7-mm-Beresina-MG. Die ersten Maschinen kamen im Sommer 1943 an die Front. Aber erst im Frühjahr 1944 lief die Produktion auf vollen Touren. Bereits während der Schlacht um Kursk hatte sich die Jak 3 glänzend bewährt, da sie in Höhen zwischen 3500 und 6000 m wendiger als die FW 190 und die Me 109 G war. Im Oktober 1944 erhielt die Jak 3 auch einen stärkeren Motor, den Klimow M-107 A von 1600 PS, und nun die Bezeichnung Jak 3 U. Aber auch dies war noch nicht die letzte Änderung der Jak 3, denn Jakowlew verwendete die Zelle der Jak 3 bei der Konstruktion seines ersten Strahljägers, der Jak 15.

Technische Daten

	Jak 3	**Jak 3 U**
Spannweite	9,20 m	9,20 m
Länge	8,49 m	8,49 m
Höhe	2,38 m	2,38 m
Fluggewicht	2660 kg	2665 kg
Höchstgeschwindigkeit	648 km/h	720 km/h
Landegeschwindigkeit	144 km/h	150 km/h
Reichweite maximal	900 km	755 km
Gipfelhöhe	10800 m	10 500 m

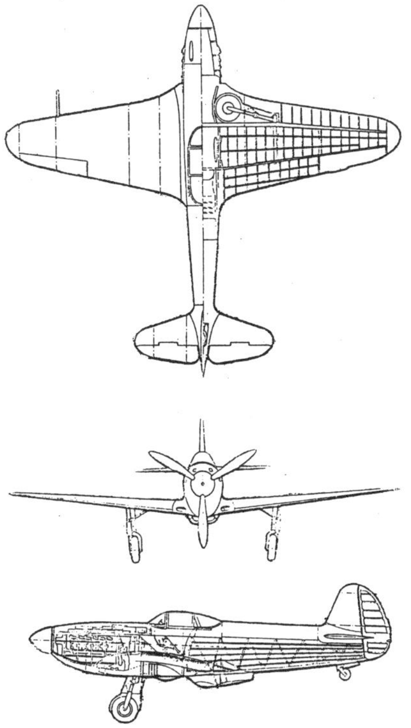

Jakowlew Jak 9

Dieses sowjetische Jagdflugzeug, besonders in der Schlacht um Stalingrad 1942/43 ein gefährlicher Gegner deutscher Messerschmitt-Jäger, wurde vom Jakowlev-Team entwickelt und in zahlreichen Varianten zum Fronteinsatz gebracht. Die Jak 9, von der rd. 30000 hergestellt wurden, hatte ihren Prototyp in der I-26 des Jahres 1938. Ihre Entwicklung setzte sich in der Jak 1 von 1940 sowie der Jak 7 fort. Jak 9 waren hauptsächlich aus Leichtmetall gebaut. Nachdem die Serienproduktion im Herbst 1942 begonnen hatte, wurde dieser Flugzeugtyp 1943 auch zur Panzerbekämpfung eingesetzt. Dafür verwendete Maschinen trugen die Bezeichnung Jak 9T und als Hauptbewaffnung im Rumpf zunächst Kanonen bis zum Kaliber 3,7 cm. Später wurde diese Armierung noch verstärkt. Mit der Jak 9B kam dann noch ein Jagdbomber zum Einsatz. Jak-9-Maschinen der verschiedenen Muster, von polnischen und französischen Piloten im Dienst der Sowjet-Luftwaffe ebenfalls geflogen, unterstützten auch Partisanenverbände in Jugoslawien und Italien.

Technische Daten
(Jak 9D)

Spannweite	10 m
Höhe	3 m
Länge	8,55 m
Triebwerk	Klimow-Motor von 1210 PS
Einsatzgewicht	3115 kg
Höchstgeschwindigkeit	600 km/h in 3500 m
Gipfelhöhe	10000 m
Reichweite	1300 km
Bewaffnung	1 x 20-mm-Kanone, 1 x 12,7-mm-MG
Besatzung	ein Pilot

Lawotschkin La 5 N

Im ersten Jahr des Krieges zwischen der UdSSR und Deutschland hatte es sich gezeigt, daß die 1941 herausgekommene LaGG 3 der deutschen BF (Me) 109 F-4 unterlegen war. In dieser Zeit hatte der Motorenkonstrukteur Schwetsow die Entwicklung des neuen ASch 82 A beendet. Lawotschkin ließ nun diesen Motor in eine Zelle der LaGG 3 einbauen, was sich ohne große Schwierigkeiten durchführen ließ. Die Erprobung des Prototyps verlief so befriedigend, dass die Serienfertigung sofort beginnen konnte. Im Herbst 1942 kam diese neue La 5 zur Truppe und wurde zuerst in der Schlacht um Stalingrad eingesetzt. Die Maschine war ungefähr 50 km/h schneller als die BF 109 F-4 und konnte dadurch manches zum Sieg bei Stalingrad beitragen, was ihr den Ehrentitel „Hölzerner Retter von Stalingrad" eintrug. Im Frühjahr brachte Schwetsow dann einen verbesserten ASch 82 FN heraus, der in die La 5 eingebaut wurde. Die neue Version hieß La 5 FN. Sie flog mit gutem Erfolg während der Schlacht bei Kursk (1943) und war der Me 109 G in mittleren und niedrigen Höhen überlegen. Nach dem Krieg erhielten u.a. die Tschechoslowakei und Polen die La 5 FN. Unser Bild zeigt eine tschechische Staffel.

Technische Daten

Besatzung	1 Mann
Triebwerk	Schwetsow ASch 82 FN, 1700 PS
Spannweite	9,80 m
Länge	8,50 m
Höhe	2,83 m
Fluggewicht	3360 kg
Nutzlast	600 kg
Höchstgeschwindigkeit	645 km/h
Reichweite	850 km
Gipfelhöhe	10 970 m
Bewaffnung	2 x MK, 20 mm, 150-72 72
kg Bomben	

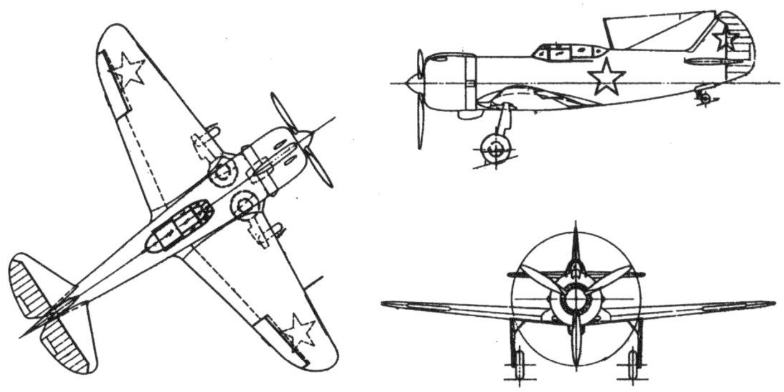

Lawotschkin La 7

Zwischen der La 5 FN und der La 7 sind die Unterschiede nur geringfügig. Hauptmerkmal ist der fehlende Luftansaugschacht auf der Motorhaube der La 7. Die Bewaffnung wurde auf drei 20-mm-Kanonen verstärkt. Die Leistung des ASch-82-FN-Motors wurde auf 1775 PS gesteigert. Holzbauart und Abmessungen blieben unverändert. Ein Flugzeug dieses Typs wurde nach dem Krieg im Moskauer „Haus der Flieger“ ausgestellt. Es handelt sich um die Maschine, auf der das Spitzenas der sowjetischen Jagdflieger, I. N. Koschedub, die letzten seiner 62 Luftsiege errang. In den Nachkriegsjahren wurde eine erhebliche Anzahl dieses Baumusters an verschiedene Ostblockstaaten, besonders an die Tschechoslowakei, geliefert. – Noch während des Krieges entstand eine Schulausführung der La 7, die La 7/UTI mit Doppelsteuerung. Durch den zweiten Sitz wurde der Tankraum verkleinert.

Technische Daten

Spannweite	9,80 m
Länge	8,60 m
Höhe	2,79 m
Leergewicht	2270 kg
Fluggewicht	3265 kg
Höchstgeschwindigkeit	680 km/h
Gipfelhöhe	11 800 m
Reichweite	635–800 km

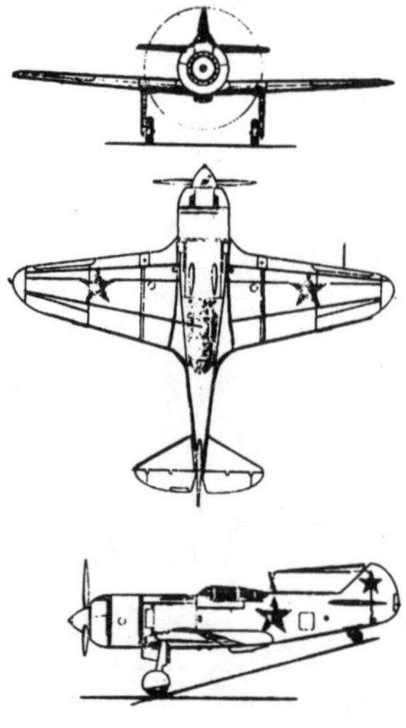

Mikojan-Gurewitsch MiG 3

Aufgrund der unangenehmen Flugeigenschaften der MiG 1 (I-61) war die Konstruktion noch während des Serienanlaufs einer radikalen Änderung unterzogen worden. Die neue Maschine I-209 wurde im Windkanal gründlich getestet. Die Ergebnisse zogen neue Änderungen nach sich. Im Herbst 1941 wurden die ersten sowjetischen Jagdeinheiten mit dem neuen Muster ausgerüstet, wobei die Bewaffnung die gleiche blieb wie bei der MiG 1. Als Triebwerk kam der verbesserte AM-35 A von 1350 PS zum Einbau, und der Rumpf war verlängert worden. Für die deutschen Jagdflieger mit ihren BF 109 F stellte die MiG 3 eine böse Überraschung dar, denn ihre Geschwindigkeit war mit 655 km/h jener des deutschen Jägers überlegen. Da aber die Produktion nicht so schnell anlief, konnten nur geringe Stückzahlen eingesetzt werden. Nachdem etwa 2100 MiG 1 und 3 ausgeliefert waren, musste man die Serie stoppen, weil der AM-35-A-Motor wegen des neuen AM-38 nicht mehr weitergebaut werden durfte. Dieses Triebwerk benötigte man für die Il-2-Schlachtflugzeuge, denen die sowjetische Führung eine absolute Produktionspriorität zugeordnet hatte. Der schließlich noch zur Verfügung stehende Schwetzow ASch 82 war ein Doppelsternmotor, der sich in die MiG-Zelle nicht einbauen ließ.

Technische Daten

Besatzung	1 Mann
Triebwerk	AM-35 A, 1350 PS
Spannweite	10,30 m
Länge	8,55 m
Flächeninhalt	17,60 qm
Leergewicht	2700 kg
Fluggewicht	3285 kg
Höchstgeschwindigkeit	655 km/h in 7000 m Höhe
Reichweite	820 km
Gipfelhöhe	10 800 m
Steigzeit auf 5000 m	5,3 Minuten
Bewaffnung	1 MG, 12,7 mm, 2 MG, 7,62 mm

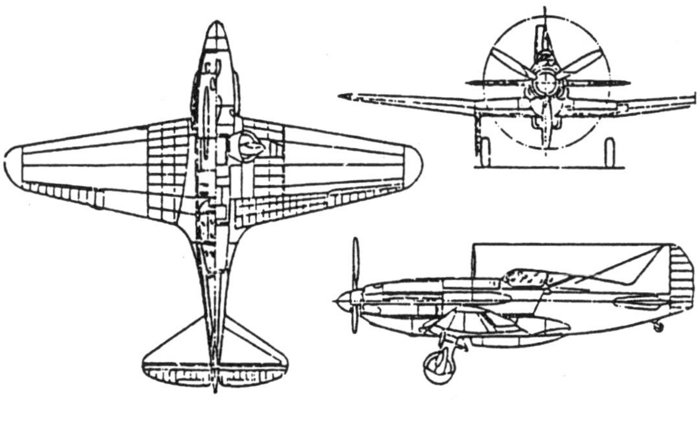

Petljakow Pe 8

Aufgrund eines Konzepts von Professor Tupolew wurde dieser letzte sowjetische viermotorige Bomber mit Kolbenmotoren von der Entwurfsgruppe Petljakow 1936 entworfen. Er bildete dann den Grundstock für die strategische Bomberwaffe unter Generalleutnant Golowanow. Dieser Verband flog 1942 die ersten Angriffe gegen ostdeutsche Städte. Die Existenz dieses Flugzeugs war bereits 1941 durch den Flug Molotows nach England und den USA bekannt geworden. Die Maschine wurde auch als Transporter gebaut und konnte als solcher 40 voll ausgerüstete Soldaten an Bord nehmen. Nach dem Krieg hatte die Pe 8 für Arktiseinsätze und als fliegender Prüfstand für Strahltriebwerke Verwendung gefunden. Während die ersten TB-7 noch mit M-105-Motoren von 1100 PS gebaut wurden, erhielten sie ab 1941 den 1350 PS starken AM-35 A, später den M-82 von 1700 PS.

Technische Daten

	AM-35 A	**M-82**
Besatzung	10–12	-
Leistung	4 x 1350 PS	4 x 1700 PS
Spannweite	39,94 m	39,94 m
Länge	22,47 m	22,47 m
Höhe	640 m	6,10 m
Fluggewicht		
mit 2000 kg Bomben	28 600 kg	29 900 kg
Höchstgeschwindigkeit	444 km/h	387 km/h
Marschgeschwindigkeit	360 km/h	320 km/h
Gipfelhöhe		
mit 2000 kg Bomben	3800 m	3800 m
Reichweite normal	5443 km	4025 km
Bewaffnung bei		
allen Ausführungen	2 x MK, 20 mm, 4 x MG, 12,7 mm, 2 x MG, 7,62 mm	

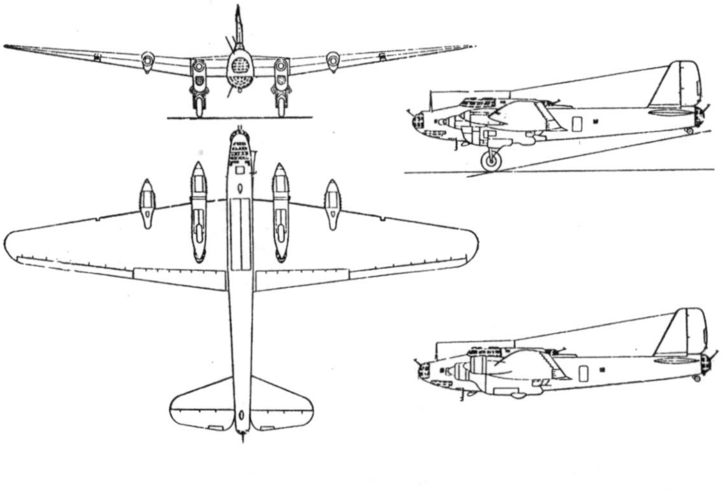

Polikarpow I-5

Dieser sowjetische Jagdeinsitzer, der bereits 1930 entstand, kann als direkter Vorgänger der Polikarpow-Jäger I-15, I-152 und I-153 angesehen werden. Noch 1941 beim deutschen Angriff auf die Sowjetunion flogen einzelne Jäger dieses Typs Angriffe gegen die überlegenen deutschen Luftwaffenverbände. Einzelne Exemplare wurden in flugfähigem Zustand von den deutschen Truppen erbeutet. Der Prototyp (unser Bild) absolvierte seinen Erstflug am 29. April 1930. Aufgrund der hervorragenden Erprobungsergebnisse wurde sofort mit der Serienproduktion begonnen, und bis 1934/35 waren über 800 Maschinen in fünf Varianten gebaut worden. Der Entwurf lehnt sich im allgemeinen an englische und amerikanische Vorbilder (Gloster, Boeing) an. Als Triebwerk diente ein luftgekühlter Sternmotor M-22 von 480 PS. Die Bewaffnung bestand je nach Version aus zwei bis vier PW-1-Maschinengewehren (Kal. 7,62 mm). Die Mitnahme von kleinen Splitterbomben war möglich.

Technische Daten

Spannweite	10,24 m oben
	7,44 m unten
Länge	6,73 m
Leergewicht	940 kg
Fluggewicht	1355 kg
Höchstgeschwindigkeit	286 km/h
Steigzeit auf 5000 m	10,1 min.
Gipfelhöhe	7300 m
Reichweite	530 km
maximale Flugdauer	2 Stunden

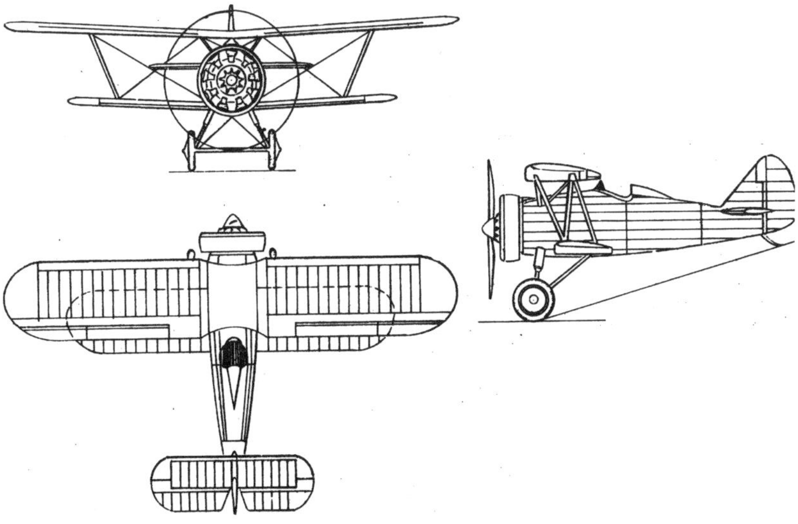

Polikarpow I-16 „Rata“

Dieses schon zu Beginn des Krieges gegen die Sowjetunion im Juni 1941 altväterlich anmutende Flugzeug erreichte trotzdem die erstaunlich hohe Fertigungszahl von rund 20 000 Stück. Viele der späteren deutschen Jagdfliegerasse lernten den Tiefdecker – übrigens das erste Jagdflugzeug mit einziehbarem Fahrwerk – zwischen 1936 und 1939 schon im spanischen Bürgerkrieg kennen und den damaligen Typ 10 auch fürchten. Diese I-16, fortan als „Rata“ (Ratte) bezeichnet, waren der BF 109 B in mancher Beziehung überlegen, konnten dann aber gegen die BF 109 E („Emil“) nicht mehr viel ausrichten. Eine Tatsache, die sich naturgemäß später auch über den Schlachtfeldern Russands nicht mehr ändern sollte.

Die I-16, zunächst unter der Bezeichnung Ts KB-12 geführt und im Verlauf des Russlandkrieges ihrer vielfältigen Verwendungsmöglichkeiten wegen sowjetischerseits auch „Ischak“ (Eselchen) genannt, wurde von einer Konstruktionsgruppe unter Nikolai Polikarpow entwickelt. Der Erstflug fand am Silvestertag 1933 statt. Die Folgemuster wurden mit immer stärkeren Motoren und wechselnder Bewaffnung ausgerüstet. Der Einbau des M-63-Motors ermöglichte der „Rata“ dann eine Geschwindigkeit von 520 km/h. Die Maschine blieb bis 1943 im Fronteinsantz und wurde auch häufig als Jagdbomber verwendet.

Technische Daten

(Typ 24)

Länge	6,13 m
Spannweite	9 m
Höhe	2,50 m
Triebwerk	Shvetsov M-62, 1000 PS
Einsatzgewicht	2000 kg
Höchstgeschwindigkeit	525 km/h in rund 4000 m
Gipfelhöhe	9000 m
Reichweite	400 km
Bewaffnung	2 x 7,62-mm-MG, zwei 20-mm-Kanonen

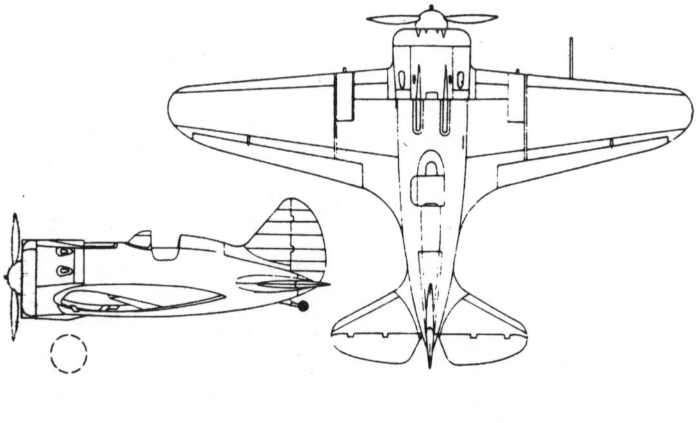

Polikarpow I-153

Dieser damals „schnellste Jagddoppeldecker der Welt“ war eine Konstruktion von Nikolai N. Polikarpow. Bei der Maschine handelte es sich um eine Weiterentwicklung der I-5 und der I-15, die bereits 1933 in Serie hergestellt wurde und im Spanischen Bürgerkrieg (1936–1939) ihren deutschen Kontrahenten von der „Legion Condor“ manches Rätsel aufgab. Der I-15 „Istrebitelj“ (= Jagdeinsitzer) – aus dem dann die I-153 entstand – war übrigens schon vorher zu internationaler Berühmtheit gelangt. Mit einer I-15 – russischerseits „Tschaika“ genannt – hatte am 21. November 1935 der Testpilot W. K. Kokkinaki eine Höhe von 14 575 m erreicht und damit einen neuen Weltrekord aufgestellt.
Die I-153 als Nachfolgemuster der I-15 unterschied sich von letzterer hauptsächlich durch ein Einziehfahrwerk. In den Anfangsjahren des Krieges gegen die Sowjetunion erwiesen sich diese Jagdflugzeuge als gefährliche Gegner für die deutsche Luftwaffe.

Technische Daten

Motorleistung	900/930 PS
Spannweite	10,20 m; 7,50 m unterer Flügel
Länge	6,18 m
Höhe	2,92 m
Fluggewicht	1902 kg
Höchstgeschwindigkeit	430 km/h
Gipfelhöhe	10 600 m

Sukhoi Su 2 (BB-1)

Diese Maschine war als Heeres-Unterstützungsflugzeug ausgelegt und ist der Vorgänger der Il-2 gewesen. Dass sie unbestreitbare Schwächen hatte, lag nicht an der Konstruktion als solcher, sondern an der irrigen Auffassung der militärischen Führung über die Eigenschaften, die von einer solchen Maschine verlangt werden mussten. Die Su 2 hat der Forderung, die bei ihrem Entwurf gestellt wurde, voll entsprochen. Die Prototypen waren mit dem M-87 A und B von 950 PS ausgerüstet. Erst beim dritten Prototyp und in der ersten Serie kam der M-88 B von 1000 PS zum Einbau. Die Bewaffnung bestand aus vier MG, starr nach vorn feuernd, und einem beweglichen MG für den Heckschützen. Als Bombenlast konnten maximal 600 kg geladen werden. Die Su 2 hatte eine Spannweite von 14,3 m und eine Länge von 10,25 m, der Flächeninhalt betrug 29 qm. Das Leergewicht lag bei 2900 kg, das Fluggewicht normal bei 4080 kg, maximal bei 4700 kg. Das Flugzeug ereichte eine Höchstgeschwindigkeit von 460 km/h und eine Reisegeschwindigkeit von 320 km/h. Die Reichweite betrug 1200 km, die Gipfelhöhe 8800 m.

Nachdem von dieser Ausführung etwa 100 Maschinen gebaut worden waren, war der Schwetzow-M-82-Motor von 1400 PS serienreif. Da die Su-2-Besatzungen große Verluste durch die Me 109 hatten hinnehmen müssen, wurde die Su 2 nun durch diesen Motor in ihren Leistungen verbessert, trotz der Gewichtszunahme, die auch durch zusätzliche Panzerung verursacht wurde. Das Leergewicht stieg auf 3273 kg, das Fluggewicht auf 4375 kg. Andererseits verbesserte sich aber die Höchstgeschwindigkeit auf 486 km/h in 5850 m Höhe. Die Su 2 stieg jetzt in 9,8 Minuten auf 5000 m. Obwohl sie auch in dieser Ausführung den Anforderungen des Luftkampfes nicht genügte, lief die Serie noch bis Ende 1942 weiter, da die Serienfertigung der Il-2, des später berühmt gewordenen russischen Schlachtflugzeuges, vorher keinen ausreichenden Umfang hatte.

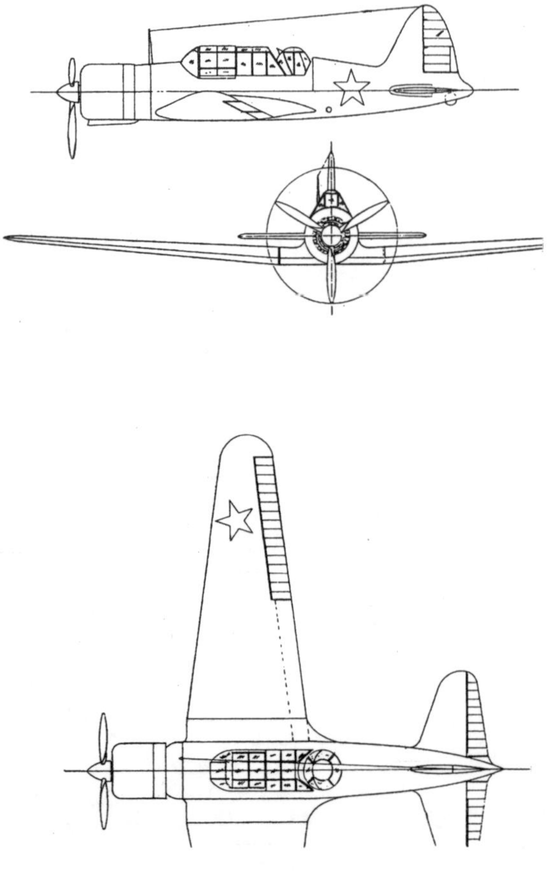

Tupolew ANT 6 TB-3

Dieses viermotorige schwere Kampfflugzeug bildete seit 1930 das Rückgrat der sowjetischen Bomberwaffe. Daneben wurde der Typ als Transporter, Absprungmaschine für Fallschirmschützen und als Forschungsflugzeug verwendet. Nach dem deutschen Angriff auf die Sowjetunion am 22. 6. 1941 stand diese Maschine ebenfalls im Fronteinsatz und wurde auch zum Absetzen von Partisanen hinter der deutschen Front benutzt. Verschiedene TB-3 fielen 1941 beim Vormarsch in deutsche Hand. Die ANT 6 war sehr stabil gebaut und gegen MG-Beschuss äußerst widerstandsfähig. Auch mit 2-cm-Kanonen benötigte man zahlreiche Treffer, um die Maschine ernsthaft zu gefährden. Der bei den ersten Ausführungen offene Bug-MG-Stand wurde später verglast.

Technische Daten

	M-17	**M-34**	**AM-34 RN**
Besatzung	8	8	8
Leistung je Motor	680 PS	830 PS	1250 PS
Spannweite	39,50 m	39,50 m	39,50 m
Länge	24,50 m	24,50 m	24,40 m
Leergewicht	10 000 kg	10 000 kg	–
Fluggewicht	15 000 kg	17 500 kg	15 180 – 19 750 kg
Höchstgeschwindigkeit	200 km/h	250 km/h	320 km/h
Reichweite	2000 km	2000 km	1865 km
Gipfelhöhe	5000 m	7000 m	10 000 m

Bewaffnung aller Ausführungen: 4 MG, 7,62 mm

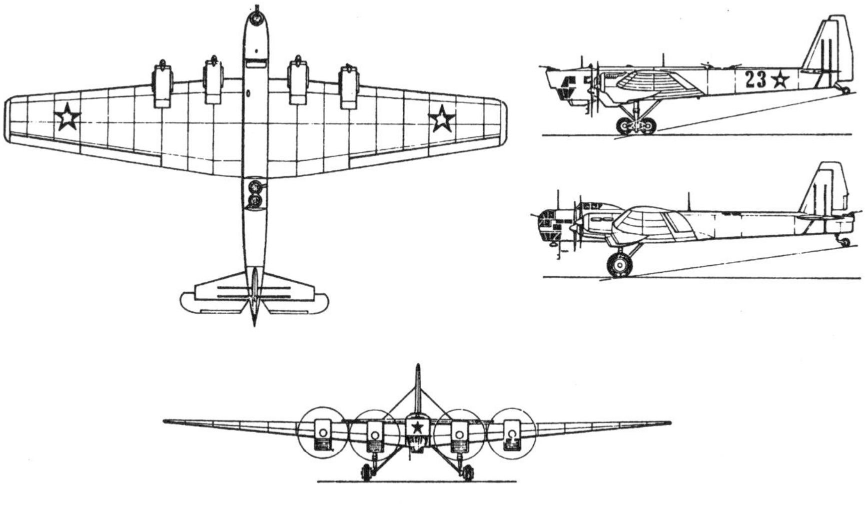

Boeing B-17 „Flying Fortress“

Die Boeing B-17 – in den Varianten E, F und G auf dem europäischen Kriegsschauplatz eingesetzt – war jenes Flugzeug, aus dem sich die amerikanischen Bomberströme bei ihren Angriffen auf deutsche Städte hauptsächlich zusammensetzten. Schon am 28. Juni 1935 verließ der Prototyp mit der Bezeichnung X 13372 die Werfthalle, am 28. Juli erfolgte der Erstflug, und im Februar 1942 wurden die ersten Maschinen an die US-Luftwaffe ausgeliefert. Mit diesen „Fliegenden Festungen“ erschienen Einheiten der 8. US-Luftflotte am 12. Mai 1942 auf englischem Boden, und der erste Tageseinsatz erfolgte – von der 97. Bombergruppe geflogen – am 17. August gegen die französische Stadt Rouen. Damit war der Startschuss für eine Entwicklung gefallen, die mit der später erfolgten Zerstörung vieler deutscher Großstädte endete. Fast 1000 Tage lang flogen amerikanische Crews in den B-17-Bombern Angriffe auf dem europäischen Kriegsschauplatz, anfangs ohne Jägerbegleitschutz, später von Hunderten von „Mustangs“, „Thunderbolts“ oder anderen Jagdflugzeugen eskortiert. Allein von der G-Serie, deren technische Daten unten erläutert werden, sind 8680 Maschinen gebaut worden, nach anderen Quellen 12 726.

Technische Daten

Verwendungszweck	schwerer, viermotoriger Bomber
Besatzung	10 Mann
Spannweite	31,62 m
Länge	22,46 m
Höhe	6,04 m
Triebwerke	vier Wright-„Cyclone“-R-1820-97-Neunzylinder-Sternmotoren mit je 1200 PS
Fluggewicht	rund 30 Tonnen
Geschwindigkeit	480 km/h
Gipfelhöhe	11 000 m
Reichweite	3000 km
Bewaffnung	dreizehn 12,7-mm-Browning-MG
Bombenlast	5–7 Tonnen

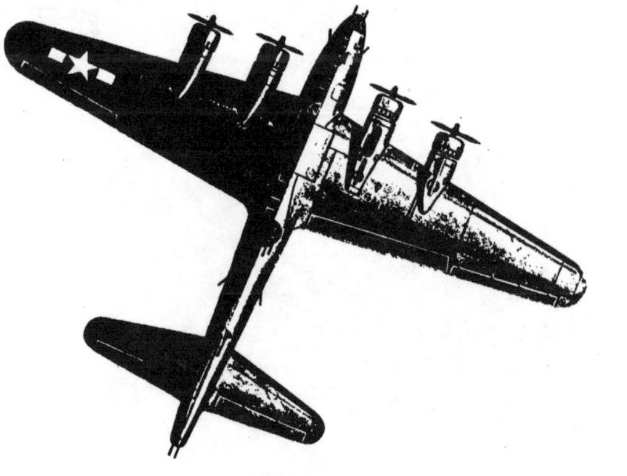

Boeing B-29 „Superfortress“

Dieser schwere Langstreckenbomber war das erste amerikanische Flugzeug, das serienmäßig mit Druckkabine ausgerüstet war. Der Erstflug des Prototyps wurde am 21. September 1942 durchgeführt. Die Maschine wurde ausschließlich im pazifischen Kriegsraum verwendet. Der erste Einsatz gegen Japan erfolgte am 15. Juni 1944, und am 24. November war Tokio das Ziel eines schweren Luftangriffs. Am 6. August 1945 startete von der Pazifikinsel Tinian eine B-29 unter Führung von Oberst Paul Tibbetts und warf die erste Atombombe auf Hiroshima. Das Flugzeug trug den Namen „Enola Gay“ (nach der Mutter des Kommandanten). Eine weitere B-29 namens „Bocks Car“ trug am 9. August eine zweite Atombombe nach Nagasaki und zwang Japan dadurch zur Kapitulation. Bei den Angriffsflügen auf Tokio war eine B-29 wegen Treibstoffmangels gezwungen gewesen, nach der Sowjetunion zu fliegen und dort zu landen. Die Maschine wurde nicht zurückgegeben. Ein offensichtlicher Nachbau trug später die Bezeichnung Tupolew Tu 4. Eine Transportversion der Tu 4, die Tu 70, bildete dann die Grundlage für die Entwicklung des ersten sowjetischen Strahlverkehrsflugzeugs, der Tu 104.

Technische Daten

Besatzung	10 Mann
Triebwerk	Wright R-3350-23, 4 x 2200 PS
Spannweite	43,05 m
Länge	30,18 m
Höhe	8,46 m
Fluggewicht	49 896 kg
Höchstgeschwindigkeit	575 km/h
Gipfelhöhe	9710 m
Reichweite	5230 km
Bewaffnung	1 x MK, 20 mm, 12 x MG, 12,7 mm
Bombenlast	9072 kg

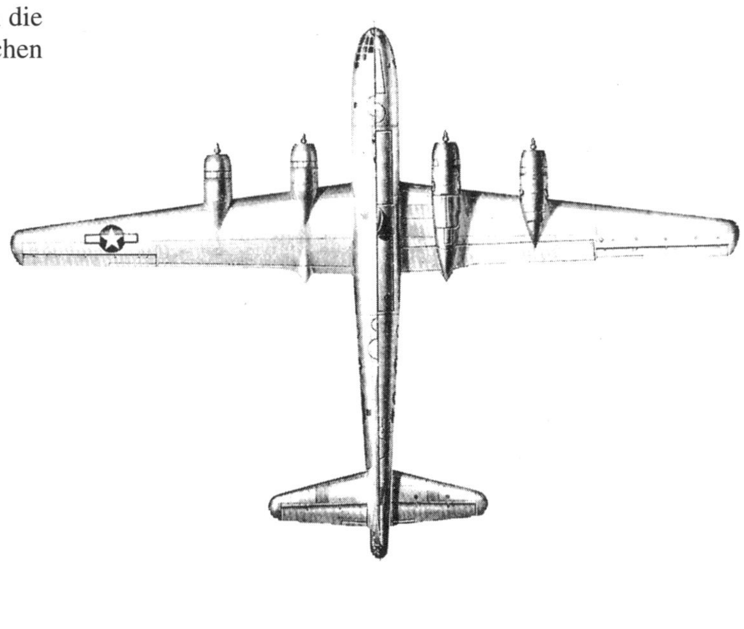

Brewster „Buffalo“

Diese Maschine war in einem von der US-Marine ausgeschriebenen Wettbewerb um den besten Entwurf eines neuen Jagdflugzeuges gegen Grummans „Wildcat“ als Sieger hervorgegangen und ab Juni 1938 in Serie gebaut worden. Während aber die „Wildcats“ sich im Verlauf des II. Weltkrieges sehr gut bewährten, erhielt die „Buffao“ von ihren Piloten durchweg schlechte Noten. Die Brewster-Konstruktion wurde innerhalb kurzer Zeit dann auch aus den Einheiten der US Navy und des Marine Corps entfernt, und von den 507 bereits ausgelieferten „Buffalos“ kam der größte Teil nach England, Finnland und Holland. Ihre dort demonstrierten Einsatzleistungen wurden als „katastrophal“ bezeichnet. Die Maschinen zeigten sich den Luftkriegsanforderungen von 1940 nämlich in keiner Weise gewachsen und wurden schließlich nur noch als Schulflugzeuge verwendet. Verbesserte Ausführungen gelangten nach Indien und zu den Fliegertruppen der britischen Inselfestung Singapur, die „Buffalos“ waren aber auch in diesen Einsatzräumen den japanischen Jägern gegenüber ohne jede Chance. Unser Bild zeigt eine Brewster „Buffalo“ mit dem finnischen Hoheitszeichen, einem blauen Hakenkreuz auf weißem Grund.

Technische Daten
(Typ F2A-1)

Triebwerk	Wright R-1820-34 Cyclone (Sternmotor)
Besatzung	1 Mann
Spannweite	10,67 m
Höhe	3,68 m
Länge	8,03 m
Fluggewicht	2293 kg
Höchstgeschwindigkeit	484 km/h
Gipfelhöhe	9000 m
Reichweite	1762 km
Bewaffnung	2 x 12,7-mm-MG in der oberen Motorhälfte und je eines des gleichen Kalibers in den Tragflächen

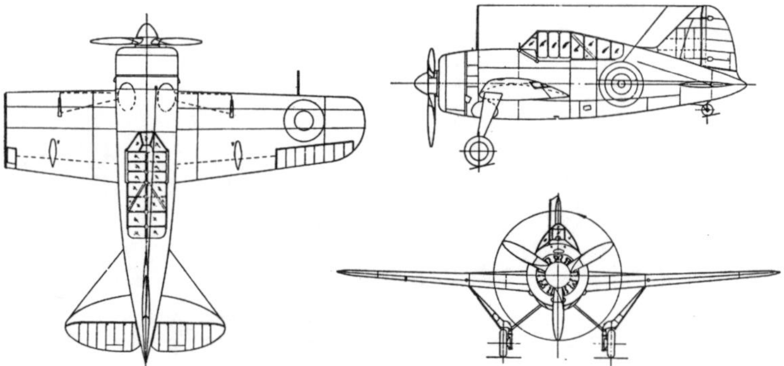

Consolidated B-24 „Liberator“

Die „Liberator“ war neben der „Fliegenden Festung“ (B-17) ein Bomber, der den Bewohnern im Krieg zerstörter deutscher Städte noch heute in unangenehmer Erinnerung sein dürfte. Das Muster „Liberator“ wurde während des Krieges in höheren Stückzahlen produziert als alle anderen amerikanischen Flugzeuge. „Liberators“ waren praktisch überall in der Welt zu finden, auf dem europäischen Kriegsschauplatz, über dem Atlantik, im Pazifik, über Nordafrika usw. Mit Radar-Suchgeräten ausgerüstet, wurden die „Liberators“ der amerikanischen und englischen Küstenkommandos zu Todfeinden deutscher U-Boote. Im Juni1941 wurde die USAAF erstmalig mit „Liberators“ ausgerüstet, mit Flugzeugen also, die eine enorme Reichweite aufwiesen und beträchtliche Zuladungen verkraften konnten. Spektakuläre Nonstopflüge bewiesen das. Nach ihrem Auftauchen über Rommels Kriegsschauplatz in Nordafrika, über Griechenland, dem Mittelmeer und den Balkanländern erschienen „Liberators“ am 9. Oktober 1942 über Lille. Im September 1944 besaß die amerikanische Luftwaffe 6043 „Liberator“-Bomber. Am 1. August 1943 starteten 177 „Liberators“, zur 9. amerikanischen Flugflotte detachiert, von Flugfeldern bei Benghasi in Nordafrika zu ihrer zweiten Attacke gegen die rumänischen Ölfelder von Ploesti. Deutsche Flak und Jäger bereiteten ihnen einen folgenschweren Empfang. Nach amerikanischen Quellen gingen bei diesem Raid 57 Bomber verloren. Die restlichen Maschinen landeten nach diesem Flug über 2700 Meilen irgendwo im Mittleren Osten, viele von ihnen schwer beschädigt.

Technische Daten

Spannweite	33,53 m
Länge	20,47 m
Höhe	5,46 m
Triebwerke	vier Pratt & Whitney R-1830-65, 14 Zylinder, mit je 1200 PS
Besatzung	10–12 Mann
Bewaffnung	zehn 12,7-mm-MG
Bombenlast (normal)	2250 kg
Gewicht	32 t
Gipfelhöhe	8500 m
Geschwindigkeit	480 km/h
Reichweite	2735 km

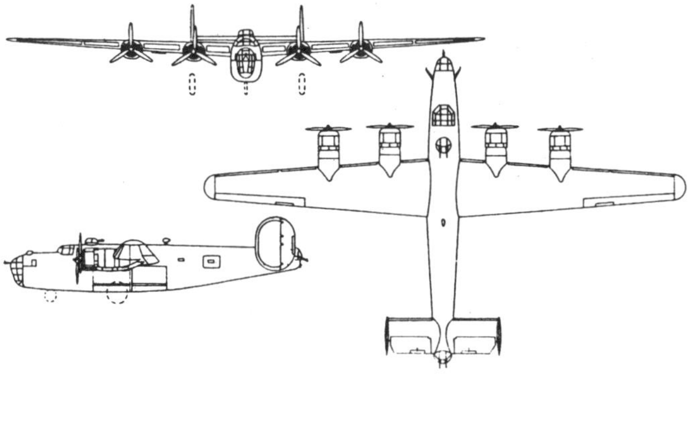

Curtiss P-40 „Warhawk“

Diese in den USA produzierte Jagdmaschine besaß zwar keine besonders imponierenden Kampfeigenschaften, wurde im Verlauf des II. Weltkrieges aber trotzdem in hohen Stückzahlen hergestellt: insgesamt 13 738 der verschiedensten Versionen. Die schon frühe Verwendung dieses Typs war hauptsächlich darauf zurückzuführen, daß P-40 bereits verfügbar waren, während spätere, erfolgreichere und modernere Muster sich naturgemäß noch im Planungsstadium befanden. Die Maschine, eine Weiterentwicklung der P-36 „Hawk“ 75, wurde im Oktober 1938 erstmals geflogen. 1940 waren P-40 u. a. auch an die britische Luftwaffe (RAF) geliefert worden, die ihnen die Bezeichnung „Tomahawk“ I gegeben hatte. Die anfänglich sehr schwache Bewaffnung in Gestalt von 2 x 7,62-mm-MG wurde in der Folgezeit ebenso verbessert, wie die Triebwerke höhere PS-Zahlen aufwiesen. Im Rahmen der Weiterentwicklung entstanden zahlreiche Varianten bis zum Typ P-40 N. Jagdflugzeuge dieser Art waren über nahezu allen Kriegsschauplätzen eingesetzt, wurden hauptsächlich von Amerikanern, Briten, Neuseeländern und Franzosen geflogen, aber auch von russischen Piloten, denn der Sowjetunion waren insgesamt 1311 „Warhawks“ des Musters F geliefert worden. Die meisten P-40 wurden von Rolls Royce „Merlin“- und Allison-Motoren angetrieben, waren später mit 12,7-mm-MG ausgerüstet und konnten unter den Tragflächen Bomben sowie Zusatztanks tragen.

Technische Daten

Länge	9,66 m
Höhe	3,66 m
Spannweite	11,37 m
Triebwerk	Allison, 1040 PS
Höchstgeschwindigkeit	555 km/h
Gipfelhöhe	rd. 9000 m
Reichweite	1175 km
Bewaffnung	zwei 12,7-mm-MG, zwei 7,62-mm-MG,
P-40 N	sechs 12,7-mm-MG
Besatzung	1 Pilot
Fluggewicht	3424 kg

Curtiss „Cleveland“

Wegen des größtenteils vollkommen veralteten eigenen Materials war Frankreich 1938 gezwungen, Flugzeuge in anderen Ländern zu kaufen. So wurden unter anderem auch 90 von der US-Marine ausgemusterte Sturzbomber des Typs Curtiss SBC-4 erworben, die bei der französischen Marine-Luftwaffe auf dem Flugzeugträger „Béarn“ eingesetzt werden sollten. Die Maschinen wurden in den USA entsprechend ausgestattet und erhielten den französischen Tarnanstrich. Bevor es aber zur Lieferung kam, erfolgte der französische Zusammenbruch von 1940. Einen Teil der Flugzeuge hatte die „Béarn“ noch erhalten, die sich dann mit ihnen nach Martinique absetzte. Der Rest der Lieferung wurde über Kanada nach England geschleust. Die Maschinen liefen bei der Royal Air Force (brit. Luftwaffe) als Curtiss „Cleveland I“. In England selbst wurden sie nur für Schulzwecke verwendet, da sie den Anforderungen des europäischen Luftkriegs nicht mehr gewachsen waren. Mehrere „Clevelands“ wurden nach Übersee geschickt und haben dort im Patrouillendienst noch ihren Zweck erfüllt.

Technische Daten

Besatzung	2 Mann
Bewaffnung	1 12,7-mm-MG, starr nach vorn 1 7,9-mm-MG, beweglich für Beobachter
Bombenlast	1 x 228 kg + 2 x 120 kg
Triebwerk	Wright Cyclone R-1920G-5, 950 PS
Spannweite	10,36 m
Länge	8,40 m
Höhe	3,17 m
Fluggewicht	2824 kg
Höchstgeschwindigkeit	376 km/h
Gipfelhöhe	7467 m
Reichweite	640 km

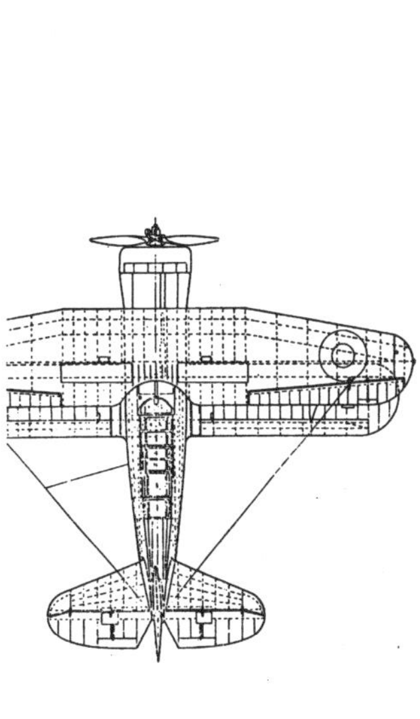

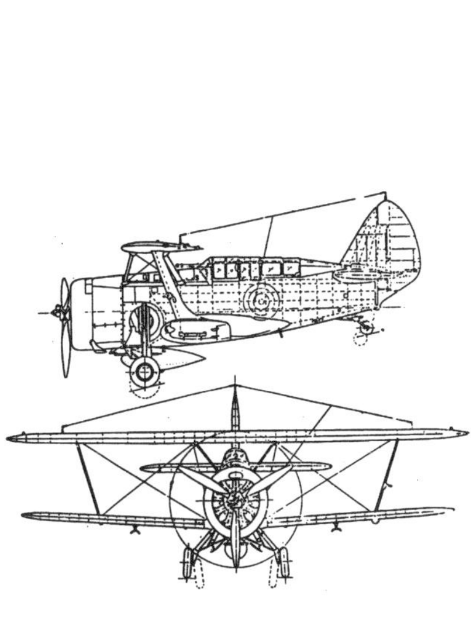

Curtiss „Kittyhawk“

Dieser amerikanische Jagdeinsitzer war kein besonders gutes Flugzeug, ist aber in Afrika und im Pazifikraum in großen Stückzahlen eingesetzt worden. Zahlreiche Maschinen wurden an Großbritannien geliefert, wo das Baumuster je nach Serie als „Tomahawk“, „Kittyhawk“ und „Warhawk“ bezeichnet wurde. Die deutsche Luftwaffe lernte diesen Typ hauptsächlich auf dem afrikanischen Kriegsschauplatz kennen. Ein großer Teil der von Hans-Joachim Marseille („Stern von Afrika“) abgeschossenen Feindflugzeuge waren „Kittyhawks“. Die mit diesem Flugzeug ausgerüsteten südafrikanischen und neuseeländischen Staffeln haben in Afrika große Verluste erlitten. In China kämpfte unter dem Kommando von General Clair Chennault ein amerikanisches freiwilliges Fliegerkorps, das unter dem Namen „Flying Tigers“ bekannt wurde. Dort schossen die P-40 286 japanische Flugzeuge bei 26 eigenen Verlusten ab. Angehörige dieses Korps gründeten nach dem Krieg eine Luftverkehrsgesellschaft mit dem Namen ihres Verbandes, die dann zu den großen amerikanischen Unternehmen dieser Art gehören sollte.

Technische Daten

Triebwerk	Allison V-1710-F-3-R, 1325 PS
Bewaffnung	6 MG, als Jabo 250 kg Bomben
Spannweite	11,38 m
Länge	10,10 m
Höhe	3,76 m
Fluggewicht	4014 kg
Höchstgeschwindigkeit	580 km/h
Gipfelhöhe	10 580 m
Reichweite	1175 km

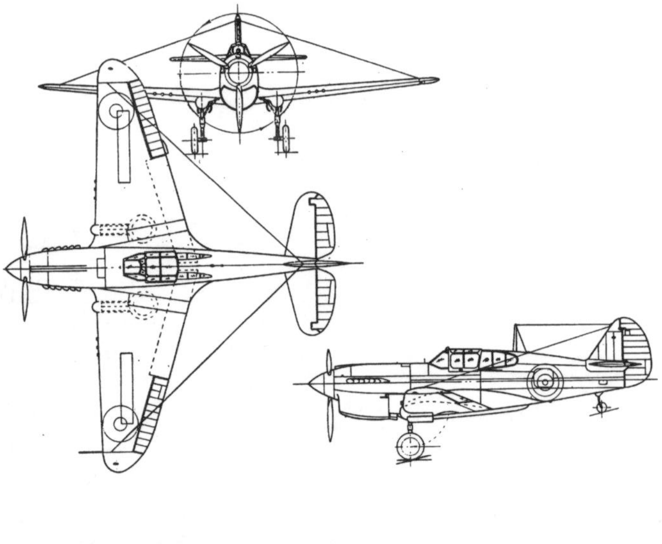

Curtiss „Mohawk“

Dieser Jagdeinsitzer war die Exportausführung der Curtiss P-36, die bei der Royal Air Force (brit. Luftwaffe) als „Mohawk“ geflogen wurde. Als 1938 immer deutlicher wurde, dass Europa auf einen Krieg zusteuerte, bestellte Frankreich einige Hundert Curtiss H-75-A. Die beiden ersten Prototypen wurden im Dezember 1938 in Buffalo getestet und erreichten bei Sturzflügen Rekordgeschwindigkeiten. Als im Herbst 1939 der II. Weltkrieg ausbrach, waren bereits mehrere Escadrilles der „Armée de l'Air“ mit der H-75-A ausgerüstet. In Geschwindigkeit und Wendigkeit waren sie den französischen Morane-Saulnier 406 überlegen und hatten sich auch gegen die deutschen Me 109 gut bewährt. Nach dem französischen Zusammenbruch übernahm England die Bestellung und führte die H-75-A dann als „Mohawk“. Zwei französische Staffeln, die bereits im I. Weltkrieg besonders erfolgreich gewesen waren, wurden ebenfalls mit der H-75-A ausgerüstet: die Escadrille „des Cigognes“ und die Escadrille „Lafayette“.

Technische Daten

Besatzung	1 Mann
Bewaffnung	1 MG, 12,7 mm, und 5 MG, 7,62 mm
Triebwerk	Pratt & Whitney SC-3G, 1050 PS
Spannweite	11,36 m
Länge	8,77 m
Höhe	2,81 m
Fluggewicht	2657 kg
Höchstgeschwindigkeit	494 km/h
Gipfelhöhe	8991 m
Reichweite	1083 km

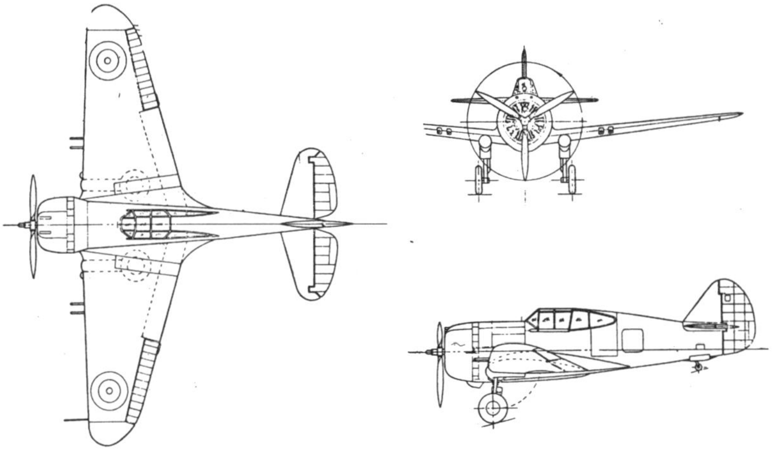

Douglas A-20 „Havoc“ („Boston“)

Dieses in den USA von Douglas Aircraft hergestellte Flugzeug erwies sich in der Praxis als eine zuverlässige und robuste Konstruktion und war bei ihren Piloten sehr beliebt. Der Erstflug erfolgte am 17. August 1939. An die französische Luftwaffe gelieferte Maschinen kamen im Westfeldzug nur in geringer Zahl zum Einsatz, der Rest kam nach Belgien und England, wo die A-20 fortan als „Boston“ und in Nachtausführungen als „Havoc“ bezeichnet wurde. Bei Großbritanniens RAF (Royal Air Force) flogen „Bostons“ des Musters III auch als Tagbomber, und 60 Maschinen dieser Art wurden als Nachtjäger umgebaut (P-70 „Night Hawk“). Zur ersten Serienproduktion gehörten Flugzeuge der Typen A-20 B und A-20 C. Von letzterem Muster wurden zahlreiche Maschinen in die Sowjetunion geliefert, die auch einen Torpedo von 908 kg mitführen konnten. Die bedeutendste Variante dieser Flugzeugserie war die A-20 G, die, ebenfalls nach Russland geliefert, dort als Schlachtflugzeug eingesetzt wurde. Schließlich gab es noch die Muster I und G, die als Foto-Aufklärer verwendet wurden. 1944 waren 7385 Maschinen der A-20-Serie hergestellt worden, von denen rund 3000 auf sowjetischer Seite eingesetzt worden waren.

Technische Daten

(A-20G)

Besatzung	3 Mann
Triebwerke	2 Wright R-2600-Doppelsternmotoren von je 1600 PS
Spannweite	18,77 m
Länge	14,60 m
Höhe	5,18 m
Einsatzgewicht	10 900 kg
Höchstgeschwindigkeit	509 km/h
Gipfelhöhe	7600 m
Reichweite (normal)	1640 km
Bewaffnung	5 bis 9 12,7-mm-MG und vier 20-mm-Kanonen, insgesamt 1816 kg Bomben

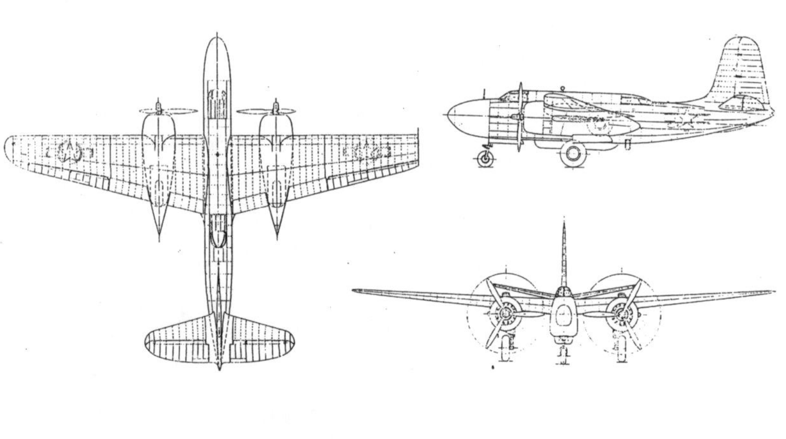

Grummann „Tigercat“

Diese Maschine war das erste zweimotorige Trägerjagdflugzeug der Welt, zu seiner Zeit der schnellste Jagdeinsitzer und Torpedobomber der US-Marine, und hatte die schnellste Steigfähigkeit aller Flugzeuge auf dem Kriegsschauplatz im Pazifik. Der Entwurf wurde Anfang 1942 begonnen. Die erste „Tigercat“-Squadron wurde unter Major Henry S. Miller im Frühsommer 1945 in Dienst gestellt. Die Entwicklung wurde von dem Chef des Entwurfsbüros, Leroy R. Grumman, und dem Chefingenieur, W. T. Schwindler, geleitet. Es waren zwei Versionen geplant: F 7 F-1 D als Tagjäger und Torpedobomber (unser Bild) und F 7 F-2 N als Nachtjäger. Später kamen noch die Nachtjagdversionen F 7 F-3 N – und 4 N dazu. Danach wurde die Serie wegen der Strahlflugzeug-Entwicklung abgebrochen. Man kann die „Tigercat“ als bestes Marine-Jagdflugzeug des Zweiten Weltkrieges bezeichnen. Die meisten Maschinen wurden beim US-Marine-Corps eingesetzt.

Technische Daten

Besatzung	1 Mann
Triebwerk	Pratt & Whitney R-2800 22 W, 2 x 2100 PS; mit Einspritzung 2 x 2800 PS
Bewaffnung	vier 20-mm-Kanonen
Bombenlast	1818 kg oder 2 Torpedos
Spannweite	15,71 m
Länge	13,80 m
Höhe	4,60 m
Fluggewicht	9815 kg
Höchstgeschwindigkeit	687 km/h
Steigzeit auf 6100 m	6,2 Minuten
Gipfelhöhe	10980 m
Reichweite	1623 km

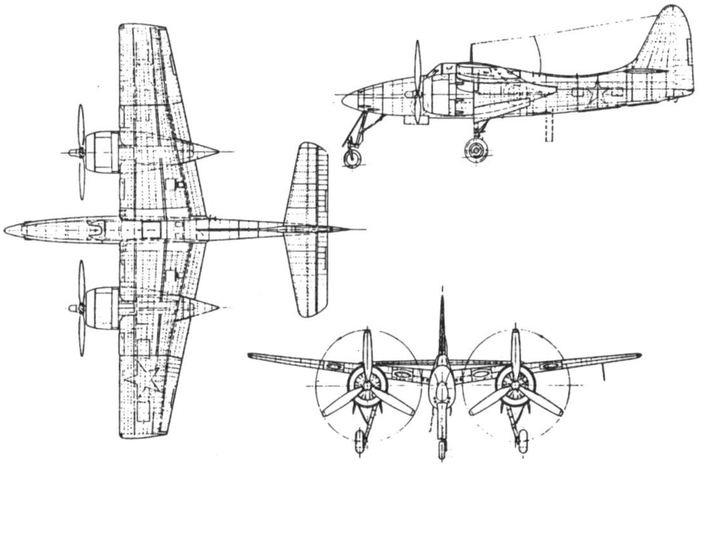

Lockheed P 38 „Lightning“

Die „Lightning“ war der einzige zweimotorige Einsitzer unter den Flugzeugen der US-Luftwaffe. Diese Maschine, von der bis August 1945 insgesamt 9923 Stück gebaut wurden, trat wohl auch in der Luftschlacht über Deutschland in Erscheinung, errang ihre größten Triumphe aber auf dem pazifischen Kriegsschauplatz. Die beiden bedeutendsten US-Jagdflieger, Major Richard Bong, 40 Luftsiege, und MacGuire, 38 Abschüsse, hatten ihre Erfolge auf „Lightnings“ errungen. Zu einem Husarenstreich mit entscheidenden Konsequenzen für den japanischen Gegner wurde der Flug von sechzehn „Lightnings“ der 339. Jäger-Squadron im April 1943. Die P 38 waren von Guadalcanal aus zu einem Flug über 550 Meilen gestartet, Spezial-Zusatztanks unter den Tragflächen. Auf die Minute genau erreichten sie den japanischen Inselstützpunkt, dem der japanische Oberbefehlshaber, Großadmiral Yamamoto, einen Besuch abstatten wollte. Trotz der vorhandenen „Zero“-Jäger-Eskorte gelang es dem „Lightning“-Piloten Leutnant Thomas G. Lanphier, die K-21-Maschine abzuschießen, in der Yamamoto saß. Der japanische Oberbefehlshaber fand beim Absturz den Tod.

Technische Daten

Verwendungszweck	Begleiter, Aufklärer, Jabo
Besatzung	1 Mann
Spannweite	15,84 m
Länge	11,52 m
Höhe	3,90 m
Triebwerke	zwei Allison-Motoren mit je 1425 PS
Gewicht	7930 kg
Geschwindigkeit	630 km/h in 4600 m
Gipfelhöhe	12 000 m
Reichweite	3600 km in 9000 m
Landestrecke	1000 m
Bewaffnung	eine 20-mm-Kanone und vier 12,7-mm-MG in der Rumpfnase, außerdem zehn 12,7-cm-Raketen unter den Tragflächen

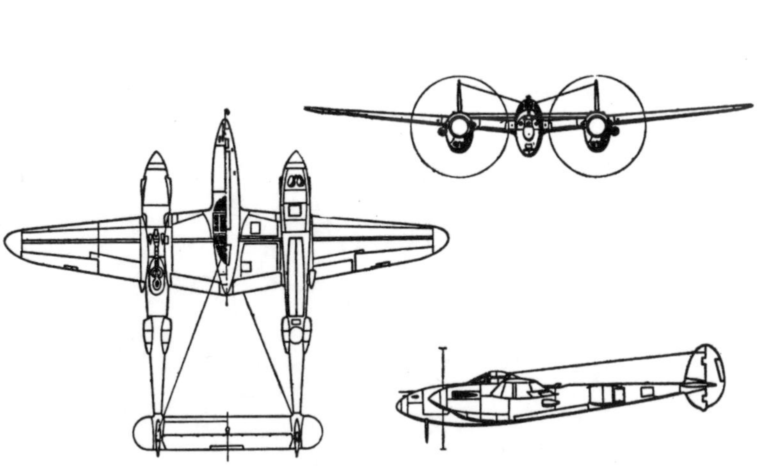

Lockheed „Hudson“

Dieses wohl vielseitigste Aufklärungs-, Bomben- und Patrouillenflugzeug der Royal Air Force (brit. Luftwaffe) war die militärische Version des Verkehrsflugzeugs Lockheed 14. Die „Hudson“, von der zuerst 250 Maschinen von der R.A.F. bestellt wurden, war das erste amerikanische Flugzeug, das von dieser in Dienst gestellt woren war, da auch in England ein Mangel an modernen Flugzeugen herrschte. Das Flugzeug wurde hauptsächlich beim Coastal Command (Küstenkommando) verwendet. In den ersten Kriegsmonaten beschränkte sich seine Tätigkeit auf Patrouillenflüge, bis ab April 1940 ein Engpass an Bombern zum Einsatz der Maschine als Kampfflugzeug zwang. Es führte zahllose Angriffe gegen deutsche Flugplätze in Norwegen durch, später auch gegen solche in Holland und Belgien. Erstaunlich war, dass im Verhältnis zur Zahl der eingesetzten Flugzeuge die „Hudson“ weniger Verluste hatte als andere Muster. Sie war übrigens auch der erste britische Bomber, durch den ein deutsches Flugzeug abgeschossen wurde. Über 2000 „Hudsons“ wurden vom Coastal Command eingesetzt, weitere 650 als A-29 von US-Army- und Navy. Mit einer A-29 wurde von den Amerikanern auch das erste deutsche U-Boot vernichtet. Die Serie wurde 1943 durch eine verbesserte und vergrößerte Ausführung, die „Ventura“, ergänzt.

Technische Daten

Besatzung	4–5 Mann
Bewaffnung	7 Browning-MG
Bombenlast	726 kg
Triebwerk	Wright Cyclone GR-1820 G-205, Leistung 2 x 1000 PS
Spannweite	19,97 m
Länge	13,47 m
Höhe	3,61 m
Fluggewicht	7927 kg (maximal 9299 kg)
Höchstgeschwindigkeit	410 km/h
Gipfelhöhe	8080 m
Reichweite	3450 km

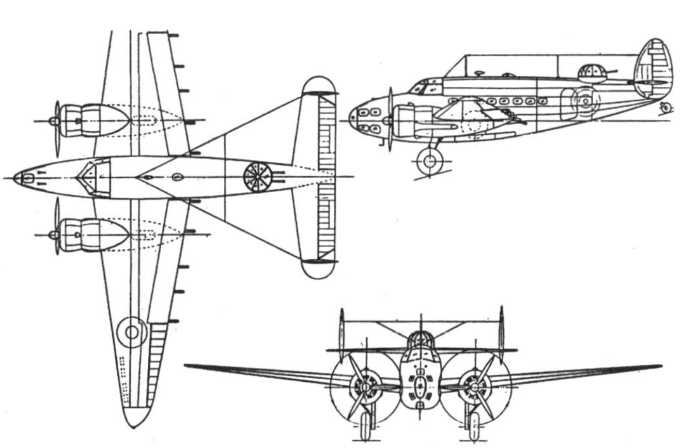

Martin B-26 „Marauder“

Dieses Flugzeug wurde von Douglas Aircraft in den USA gebaut und zunächst A-26 „Invader“ genannt. Es war ein Nachfolgemuster für die Douglas A-20 „Havoc“ und zeigte während der Entwicklung beträchtliche Tücken, sodass es in Fliegerkreisen „Witwenmacher“ genannt wurde. Danach erwies sich das Muster aber als gutes Frontflugzeug. Es wurde im Pazifik, in Nordfafrika und Europa, später auch in Korea, im Kongo und in Vietnam eingesetzt. Allein auf dem europäischen Kriegsschauplatz wurden von „Invaders“ 11 000 Einsätze geflogen und 18 000 Tonnen Bomben abgeworfen. Trotz der starken Bordbewaffnung in Gestalt von 12 Maschinengewehren des Kalibers 12,7 mm wurden von den A-26-Besatzungen nur sieben Feindflugzeuge abgeschossen. Die Maschine, in der britischen Luftwaffe „Marauder“ genannt, wurde 1958 außer Dienst gestellt. Von Typ A-26 C waren insgesamt 1091 Stück hergestellt worden. Die Bezeichnung „B-26“ hatte der Typ erst nach 1958 erhalten.

Technische Daten

Triebwerke	2 Pratt & Whitney-Doppelsternmotoren der Typen R-2800-27, je 2000 PS
Besatzung	7 Mann
Spannweite	21,34 m
Länge	15,24 m
Höhe	5,64 m
Fluggewicht	15 876 kg
Höchstgeschwindigkeit	571 km/h in 4500 m Höhe
Gipfelhöhe	6736 m
Reichweite mit voller Bombenzuladung	2250 km
Bewaffnung	12 MG, 12,7 mm
Bombenlast	1814 kg

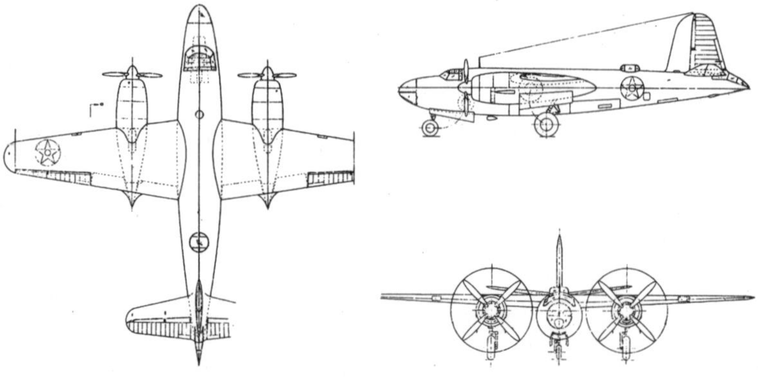

North American P 51 „Mustang“

Auch die „Mustang“ gehörte ab Anfang 1944 zu jenen alliierten Jagdflugzeugen, die als Begleitjäger der „Fliegenden Festungen“ oder als Tiefflieger fast täglich über Deutschland und den westlichen besetzten Gebieten zu sehen waren. Von den deutschen Jägern war sie ob ihrer Wendigkeit gefürchteter als die „Thunderbolt“. Die „Mustang“, von der 7956 Maschinen gebaut wurden, soll in hundert Tagen konstruiert und entwickelt worden sein. Dieses Flugzeugmuster erschien auch als erstes bei Luftkämpfen über Japan, und später, am 16. April 1945, trafen „Mustang“-Piloten erstmals mit russischen Jägern über Berlin zusammen. Zuvor, im Jahre 1944, hatten P-51 bei der Bekämpfung von V-1-Raketen beachtliche Erfolge erzielt. Dabei soll ihnen, alliierten Quellen zufolge, am 5. September 1944 der Abschuss zahlreicher V-Raketen gelungen sein. Während der schweren Luftschlachten über Deutschland war die „Mustang“ der Hauptgegner der an Zahl immer geringer werdenden deutschen Tagjäger. Auch bei den Kämpfen an der Invasionsfront waren die „Mustangs“ zu Hunderten am Himmel über der Normandie.

Technische Daten

Spannweite	11,28 m
Länge	9,83 m
Höhe	4,16 m
Triebwerk	1 Packard-Merlin/V-1650-7, Zwölfzylinder, 1490 PS
Gewicht	5254 kg
Bewaffnung	sechs bis acht 12,7-mm-Browning-MG, zwei 450-kg-Bomben oder zehn 12,7-cm-Raketengeschosse
Besatzung	1 Pilot
Reichweite	2080 km ohne und 3300 km mit Zusatztanks
Gipfelhöhe	12 200 m
Geschwindigkeit	rd. 700 km/h

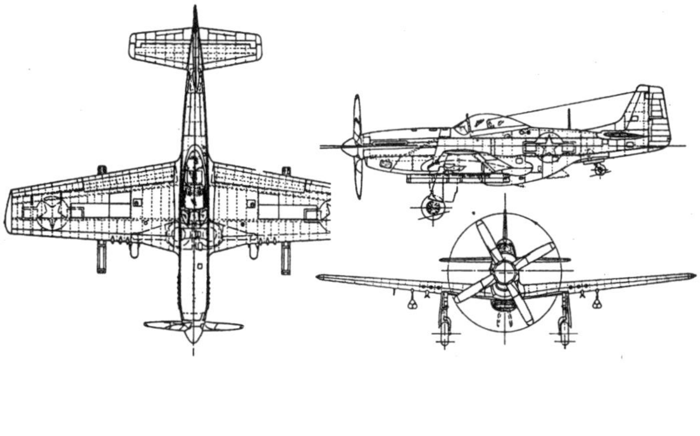

Republic P 47 D „Thunderbolt“

Die P 47 „Thunderbolt“, von der während des Krieges 12602 Maschinen gebaut wurden, war neben der „Mustang“ der über Deutschland am meisten eingesetzte Jäger und Jagdbomber. „Thunderbolts“ begleiteten die amerikanischen B-17-Verbände bei ihren Angriffen auf deutsche Städte und gehörten als Begleitjäger zu den dauernden Gegnern der deutschen Tagjagd. Durch ihr Gewicht von 6,8 t waren sie verhältnismäßig schwer und daher im Luftkampf mit erfahrenen Focke-Wulf- oder Me-109-Piloten nicht immer im Vorteil. „Thunderbolts“ kamen zum erstenmal Anfang 1944 über Deutschland zum Einsatz. Der amerikanische Oberstleutnant Gabreski errang auf diesem Typ 31 Luftsiege, Captain R. S. Johnson 28. Im weiteren Verlauf des Krieges wurden „Thunderbolts“ zumeist als Jagdbomber eingesetzt.

Maschinen dieser Art wurden an viele Staaten geliefert, so u.a. an Brasilien, China, Chile, an die „Frei-Französische Luftwaffe“ und schließlich auch an die Sowjetunion, die im Rahmen des Pacht- und Leihabkommens rund 200 P 47 erhalten hatte.

Technische Daten

Spannweite	12,42 m
Länge	11 m
Höhe	4,32 m
Bewaffnung	sechs oder acht 12,7-mm-Browning-MG, 900 kg Bomben oder zehn 12,7-cm-Raketengeschosse
Motor	Ein Pratt & Whitney R – 2800-21, 18 Zylinder, 2000 PS
Reichweite	1520 km ohne und 3080 km mit Zusatztanks
Gipfelhöhe	12200 m
Höchstgeschwindigkeit	690 km/h
Besatzung	1 Pilot

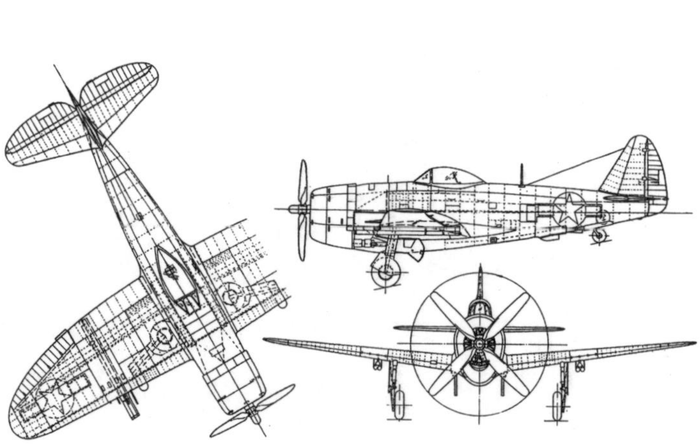